AF329690

LES ANIMAUX SAVANTS.

LES ANIMAUX SAVANTS

OU

EXERCICES DES CHEVAUX DE M.M. FRANCONI, DU CERF COCO, DU CERF AZOR,
DE L'ÉLÉPHANT BABA, DES SERINS HOLLANDOIS, DU SINGE MILITAIRE...

Par Madame B***, née De V...L,

Orné de Gravures d'Après les Dessins de J.D. DUGOURC, Dessinateur de la Chambre DU ROI,
Ci-devant Architecte de S. M. C. CHARLES IV.

À Paris, chez A. Nepveu, libraire, Passage des PANORAMAS, Nº 16.

LES ANIMAUX SAVANTS,

OU

EXERCICES DES CHEVAUX DE MM. FRANCONI,

DU CERF COCO, DU CERF AZOR, DE L'ÉLÉPHANT BABA,

DES SERINS HOLLANDAIS, DU SINGE MILITAIRE, ETC., ETC.;

Ouvrage auquel on a joint les MOINEAUX FRANCS DU PALAIS-ROYAL, et autres Historiettes morales:
Suivi de dessins et d'explications des différents piéges pour prendre les oiseaux.

PAR MADAME B***, NÉE DE V....L.

Orné de gravures d'après les dessins de J. D. Dugourc, Dessinateur de la Chambre du Roi,
ci-devant Architecte de S. M. C. Charles IV.

~~~~~~

A PARIS,

DE L'IMPRIMERIE DE P. DIDOT L'AINÉ,

IMPRIMEUR DU ROI.

1816.
~~~~~~

AVERTISSEMENT.

Mettre, pour ainsi dire, en comparaison les exemples journaliers de l'*instinct* perfectionné des animaux avec les progrès souvent peu rapides de la *raison* des enfants, tel est le but de ce nouvel ouvrage de madame B***, qui l'a écrit, pour la plus grande partie, sous la dictée de sa jeune famille.

Ce léger opuscule fixera peut-être dans la mémoire de nos jeunes lecteurs les impressions trop fugitives que leur inspirent les spectacles d'animaux instruits et dressés avec une incroyable patience. Les exercices de M. Franconi, et les spectacles de ce genre, sont faits pour exciter au plus haut degré la curiosité de la jeunesse, et provoquer de sa part d'utiles réflexions.

Si l'on est parvenu à donner aux enfants une idée de la persévérance, et des efforts multipliés qu'il a fallu faire pour rendre caressantes et dociles des créatures d'un naturel défiant et sauvage, on leur aura fait à-peu-près sentir, et le prix de leur éducation à eux-mêmes, et le juste tribut de reconnoissance qu'ils doivent payer toute leur vie à leurs instituteurs.

La chasse à la pipée, et les préceptes ou historiettes sur les diverses manières de prendre les oiseaux, pourroient jusqu'à un certain point paroître étrangers au but de cet ouvrage.

Cependant il n'étoit pas superflu de diriger, dans la manière d'attraper les plus jolis volatiles, les enfants qui désirent en entreprendre l'éducation.

Ce petit traité d'*aviceptologie* ne sera pas même sans intérêt pour ceux qui n'ont pas le goût de la chasse ou les moyens de s'y livrer, et qui cependant désirent connoître les industrieux procédés que l'homme a imaginés pour attirer dans ses piéges les innocentes créatures à qui la nature ne sembloit avoir donné des ailes que pour se soustraire à sa domination.

Nous ne terminerons pas cet avertissement sans appeler l'attention de nos lecteurs sur le genre particulier et l'exécution des estampes. M. Dugoure, occupé habituellement de travaux plus importants et plus dignes de ses crayons ou de son pinceau, a bien voulu dérober à ses occupations utiles quelques moments de loisir, et nous les consacrer.

La plupart de ces gravures, outre le sujet principal, contiennent dans l'encadrement des médaillons, des cartouches, où se trouvent retracés avec une élégante précision plusieurs sujets accessoires. Ainsi les estampes, quoique bornées au nombre de douze, offrent une grande variété de sujets.

Les deux planches qui représentent les apprêts de la pipée, et les piéges pour prendre les oiseaux, retracent dans leur bordure les images exactes des volatiles.

Nous n'avons pas besoin de dire qu'il ne faut pas s'aviser de juger les proportions de chacun de ces oiseaux en les comparant à celles de leurs voisins sur l'estampe : en employant une pareille méthode, il auroit fallu réduire à des dimensions exiguës, et presque imperceptibles, les figures de la mésange et du chardonneret, tandis que les chats-huants, les pigeons, et autres gros oiseaux, eussent réclamé à eux seuls toute la place disponible.

Il faut donc considérer isolément tous les individus, abstraction faite de *ceux qui les accompagnent*.

Madame de B*** a adopté, pour cet ouvrage, le format des *Jeux de la Poupée* qu'elle a publiés il y a quelques années. Le succès de ce petit livre, et celui des *Jeux des Garçons*, lui font espérer que ce nouvel ouvrage ne sera pas accueilli moins favorablement.

LES SERINS SAVANTS.

LES ANIMAUX SAVANTS.

LES SERINS PRIVÉS

OU LES MANOEUVRES DES OISEAUX HOLLANDAIS.

La gravure représente le directeur du spectacle ayant un Serin sur l'épaule et un sur son tambour; trois Serins immobiles au milieu d'un feu d'artifice, et, autour du sujet principal, les différents exercices des Serins.

COMMENT se fait-il, disoit M. Belmont à ses enfants qu'il conduisoit sur les boulevards du Temple, qu'il y ait parmi les hommes des êtres qu'aucune éducation ne puisse former, tandis que tous les jours nous sommes à portée de voir les miracles que la patience et des soins assidus opèrent sur les animaux les moins susceptibles en apparence d'attention. Nous allons voir des Serins, formés par les soins de l'ingénieux et patient M. Dujon, exécuter des ma- nœuvres surprenantes; mais, en attendant que nous soyons rendus au lieu du spectacle, je vais vous dire quelques mots sur les acteurs.

Le Serin des Canaries a été apporté en Europe des îles Fortunées ou Canaries, situées dans la mer Atlantique. Ce petit oiseau, devenu domestique dans nos climats, s'y plaît, et y multiplie très bien : forme élégante, taille légère et souple, gentil plumage, chant mélodieux, cadences perlées, gaieté, propreté, docilité, familiarité ; tout enchante dans ce joli musicien de nos appartements. Il a le talent de plaire au beau sexe ; et toi, ma chère Mathilde, tu peux nous dire à quel point tu t'amuses de l'éducation de tes Canaris. Ah! Papa, répondit Mathilde, je puis t'assurer que je fais tout pour m'attacher mes Serins : petits soins, complaisances, attentions, baisers, caresses, rien n'est négligé. Mon Serin huppé répète, pour ainsi dire, à ma volonté : BAISEZ, MAITRESSE ; BAISEZ, MIGNON ; BAISEZ, PETIT FILS. Il siffle plusieurs airs de flûte avec beaucoup de précision, de goût, et sans les confondre ; entre autres les airs chéris des François, VIVE HENRI IV! CHARMANTE GABRIELLE! OU PEUT-ON ÊTRE MIEUX QU'AU SEIN DE SA FAMILLE? Mon maître de piano passe quelquefois des demi-heures entières à l'entendre avec plaisir. Mes Serins ne sont point ingrats, et savent très bien me distinguer, comme leur maîtresse, d'Amélie et d'Eugène. Lorsque, le matin, en me levant je me rends à leur cage, combien j'aime leur familiarité! ils viennent me demander la picorée en sautillant, voletant, battant des ailes, me donnant de petits bécots, et chantant à perdre haleine : aussi je ne leur épargne pas le mouron ; et, lorsque la vieille bonne femme qui vient m'en apporter se plaint de ce que sa hotte est assaillie par mes petits oiseaux, j'aime mieux lui donner quelques sous de plus, et les voir butiner toute sa marchandise.

Ma chère Mathilde, ton ramage nous plaît autant que te charme celui de tes Serins ; mais as-tu remarqué que le Serin a cela de particulier, que, quoique élevé en cage, il y fait son nid? Le mâle partage le plus souvent ce devoir avec sa femelle : quels soins de la part du mâle lors de la couvée! que de prévoyance de la part de la mère et même du père pour donner la BÉQUÉE à leurs petits jusqu'au temps où ils peuvent se pourvoir eux-mêmes! Dès qu'ils sont un peu grands, ils leur apprennent à se baigner; ils leur chantent plusieurs petits airs d'une mélodie très agréable. Mais nous voici arrivés à la porte du spectacle, plaçons-nous aux premières, et écoutons le directeur des exercices.

Le directeur s'exprima à-peu-près ainsi :

« Mesdames et Messieurs, les oiseaux hollandais dont vous allez voir les différentes manœuvres ont fait l'admiration de Sa Majesté et de toute la Famille Royale, ainsi que celle de toutes les grandes villes de l'Europe où je les ai transportés : ils sont au nombre de trente.

« Mes acteurs ne sont pas relégués sur un théâtre et cachés derrière des coulisses. Je n'ai pas besoin de décorations. Tous mes apprêts ne consistent que dans la disposition de deux grandes cages à compartiments, posées sur deux chaises. A vingt ou à vingt-cinq pas de distance vous voyez une table, une planche longue, étroite, garnie de petits rebords, sur laquelle mon BROUETTEUR fera sa promenade. Voici les champignons en bois, les coquetiers en bois, le canon, le moulinet à huit branches, la paire de seaux, et la corde lâche avec ses supports. C'est là, Mesdames et Messieurs, tout ce qui m'est nécessaire.

« Je vais d'abord faire le tour de la salle, ayant un Serin sur l'épaule, et un autre sur les bords du tambour. Regardez, Messieurs, l'intrépidité de ces deux oiseaux, dont l'un est appelé par moi le Tambour-Major; rien ne les effraie! Voyez celui qui est sur la caisse tourner la tête à droite et à gauche, sans être épouvanté le moins du monde! Le rappel, la générale, la marche, la retraite, tout leur est égal. Eh bien! quoique rien n'ait pu leur faire quitter le poste que je leur ai assigné, au premier ordre que je vais leur donner de regagner leur cage, tous deux vont partir en même temps; si je ne m'adresse qu'à un seul, l'autre ne bougera pas. » Le tour se fit comme l'avoit annoncé M. Dujon.

Il prit ensuite un des deux Serins, le plaça sur une espèce de tournebroche, tel qu'on le voit représenté sur la gravure (nº 1), le fit tourner ainsi en se promenant dans la salle, et ne lui ordonna de rejoindre la cage qu'après qu'il eut fait le moulin à vent.

Un autre Serin fut placé par lui sur une petite corde lâche, la tête en bas, les pattes étendues, et se balança assez long-temps dans cette situation. Il fit ensuite la voltige sur cette même corde (nº 5 et 6).

On vit après cela un Canari porter sur sa tête un double seau, à la façon dont les Hollandais portent le lait au marché, et ne quitter son pénible métier de porteur d'eau qu'au signal donné (nº 2).

Un autre Serin fut placé sur un champignon de bois, ainsi qu'on le voit sur l'estampe (nº 7), fit l'équilibre sur les ailes, resta ainsi plusieurs minutes, et ne partit qu'au commandement. Le petit malheureux n'en fut pas quitte à si bon marché; on le reprit, et il lui fallut encore faire l'équilibre sur la tête (nº 4), le double aigle avec un de ses compagnons (nº 8); faire ensuite le mort (nº 10), et finir par le saut périlleux (nº 3).

Ce qui fut un grand sujet de surprise pour toute l'assemblée, ce fut de voir plusieurs Canaris, quoiqu'en pleine liberté, rester tranquilles et sans s'effrayer au milieu d'un feu d'artifice éclatant de toutes parts, et ne quitter les bâtons de l'espèce de moulinet sur lesquels ils étoient placés qu'au commandement de leur maître.

« Je prie les amateurs, dit M. Dujon, de faire attention au Canari que je viens de prendre dans sa cage; il est très volontaire, et son opiniâtreté pourra lui être funeste. Allons, monsieur, entrez dans votre petit coquetier de bois pour y être placé debout en sentinelle (n° 9). Vous avez l'œil très éveillé : allons, faites attention ! vous avez votre petit uniforme, laissez-moi vous passer votre giberne : bien ! maintenant votre sabre : bien encore ! maintenant sur la tête votre bonnet de grenadier, et votre petit fusil sur l'épaule : bien ! bien ! à merveille ! Ne bougez plus maintenant que vous n'en receviez l'ordre. Vous voyez que je sais mettre les militaires à la raison. Mais que vois-je ? il rejoint sa cage en plein vol, après s'être défait en un clin d'œil de tout son accoutrement militaire. Ah ! ah ! monsieur, vous abandonnez votre poste : vous êtes un déserteur ; et vous allez être fusillé. »

Mathilde, au mot de FUSILLÉ, se pencha tout alarmée à l'oreille de son Papa, et lui fit part des craintes que lui donnoit la menace de M. le directeur. Mais son Papa la rassura, en lui disant que tout cela se termineroit plus heureusement que les préparatifs ne sembloient l'annoncer. Ces préparatifs étoient réellement effrayants. M. Dujon assembla le conseil de guerre. Sept Serins furent placés en demi-cercle dans leurs coquetiers, le déserteur au milieu. M. Dujon recueillit les voix, en commençant par la droite : le premier auquel il s'adressa baissa la tête, en signe d'approbation. Vous voyez bien, dit M. Dujon, qu'il est condamné à l'unanimité : il va être fusillé.

Il plaça donc le malheureux déserteur dans son coquetier, à une extrémité de la table, sur laquelle il traîna une ENORME pièce d'artillerie toute chargée. Cette pièce pouvoit bien avoir la grosseur d'une clef de secrétaire. Un Serin, tenant dans sa patte la mèche allumée, fut placé sur un des bâtons de l'affût, et, au signal donné, il mit le feu au terrible canon (n° 11). Le déserteur fut renversé au pied de la table, et M. Dujon le fit voir sur le plat de sa main, les plumes rebroussées, les pattes et le cou roides, enfin dans l'état le plus complet de la mort. Il mit une planche longue, étroite, et à rebords, appuyée, d'un bout, sur la table, et, de l'autre, sur le seuil d'une cage. Le corps du déserteur fut placé en travers sur une espèce de petite brouette, à laquelle un Serin fut attelé (n° 12). Arrivés à la cage, le SERIN LIMONIER et le SERIN DÉSERTEUR s'élancèrent simultanément sur une touffe de MOURON, où tous les deux se refirent un peu de leurs pénibles exercices.

Le directeur annonça, en battant la retraite, que le spectacle étoit fini. Le public se retira. Amélie, Mathilde, et Eugène ne parlèrent, en revenant, que des exercices vraiment merveilleux qu'ils venoient de voir. Mes chers enfants, leur dit M. Belmont, votre grand-papa m'a rapporté qu'en l'année 1760, à la foire Saint-Germain, on voyoit un Serin qui distinguoit parfaitement toutes les couleurs, et savoit assortir les nuances de toutes les étoffes qu'on lui montroit : il formoit ensuite, avec des caractères détachés, les mots que les spectateurs demandoient ; il marquoit très exactement, avec des chiffres également détachés qu'il alloit choisir, l'heure et les minutes d'une montre qu'on lui présentoit, et faisoit les quatre règles de l'arithmétique. Toute la magie du directeur de ces Serins pour opérer ces merveilles consistoit dans l'adresse avec laquelle il laissoit paroître instantanément un morceau de sucre placé entre ses lèvres, et dont l'apparition servoit de signal approbatif aux recherches des petits oiseaux.

LES MOINEAUX FRANCS DU PALAIS-ROYAL
OU LA FEMME AUX JOURNAUX.

La gravure représente la Rotonde du Palais-Royal vue en hiver; dans son enceinte est
la marchande de journaux, et entre autres personnes madame Belmont, ses deux
filles, et Eugène.

« Mon cher Eugène, réalisons ce matin le projet que nous avions hier d'aller au spectacle, disoit madame Belmont à son plus jeune fils; nous irons avec tes deux sœurs : c'est au Palais-Royal que je veux vous conduire aujourd'hui. »

« Maman veut nous plaisanter, dit Eugène en s'adressant à ses sœurs. A peine est-il sept heures du matin, et elle nous parle de spectacle; nous savons bien qu'il n'y en a au Palais-Royal que le soir : Séraphin donne ses représentations l'après-midi depuis six heures jusqu'à dix. On voit, à la vérité, le Cosmorama toute la journée; mais notre Maman ne nous auroit pas fait habiller de si bonne heure pour ce spectacle. »

« Mes enfants, répondit madame Belmont, pour ce que je veux vous faire voir aujourd'hui nous ne saurions trop nous presser; Amélie et Mathilde, prenez votre douillette et votre pélerine de cygne; mettez vos souliers fourrés, vos gants, vos chapeaux : l'hiver est très rude cette

Les Moineaux de la Rotonde

ou la Femme aux Journaux du Palais-Royal

année, et je m'aperçois qu'il a neigé toute la nuit. Qu'importe! le temps qu'il fait ne nuira pas au spectacle que je prétends vous montrer. Je désire, mes chers enfants, qu'en le voyant vous me fassiez toutes les observations qu'il vous inspirera. Vous aurez pour me les faire toute la liberté possible. Point de crainte d'interrompre, comme chez Séraphin, les intéressants dialogues de L'HOMME AU PONT CASSÉ, du MAÎTRE D'ÉCOLE et de son ÉLÈVE, de POLICHINELLE et des POISSARDES, de MADAME GIGOGNE et de SA NOMBREUSE FAMILLE, du BUCHERON et de SA FEMME, etc. Nous serons en plein air. »

On se doute bien qu'Eugène, Amélie, et Mathilde, eurent promptement achevé leur toilette; leur curiosité fut si vivement excitée par les dernières paroles de madame Belmont, que, contre leur ordinaire, aucun des trois ne s'informa de l'heure à laquelle on déjeûneroit, ni de ce qu'on auroit à déjeûner. La Maman et les trois enfants se pressèrent de quitter la rue du Mont-Blanc, lieu de leur demeure. On passa avec beaucoup de précaution sur les trottoirs, que le verglas rendait très glissants. Madame Belmont, en traversant les boulevards, donna à la petite Mathilde quelques pièces de monnoie pour les distribuer aux pauvres décrotteurs, qui, munis d'un balai, ne manquent jamais d'y faire un passage pour les piétons, à l'issue des grandes rues. « Ces pauvres petits, dit la naïve Mathilde, pourquoi sont-ils toujours, par des temps affreux, sur cette chaussée? Que ne restent-ils chez leurs papas et leurs mamans à se chauffer! » « C'est parceque leurs parents sont pauvres et probablement éloignés, repartit Amélie, l'aînée des trois enfants: ma sœur, combien nous devons rendre graces à Dieu de ce que mes deux frères et moi nous ne sommes pas obligés de faire comme ces pauvres petits!

Graces à Maman, nous n'avons aucune inquiétude à prendre pour notre nourriture, notre coucher, notre habillement. Quant à eux, c'est bien loin, bien loin d'ici, dans les montagnes de l'Auvergne, qu'habitent leurs pères et mères, qui, en leur faisant quitter le toit maternel, ne leur ont souvent donné, pour pourvoir à leur subsistance et gagner leur vie, que quelque monnoie, une flûte, une vielle, ou un petit tambourin, et une boîte où se trouve une marmotte. Leurs parents se sont flattés qu'avec l'aide de la Providence et le secours de personnes charitables, ces enfants trouveroient de quoi subsister. Ainsi, Maman, en leur donnant l'aumône, ou plutôt en les payant de la peine qu'ils prennent à balayer, nous a bien fait commencer la journée. »

C'est en causant sur ce sujet et sur d'autres à la portée de leur âge, que l'intéressante petite famille descendit le perron du Palais-Royal. Dans la galerie, Eugène demanda à sa Maman de quel côté il devoit tourner ses pas. Madame Belmont le fit entrer, lui et ses sœurs, dans la rotonde, en face du café du Caveau. Elle s'assit là à côté d'une femme d'un certain âge, qui avoit vis-à-vis d'elle, sur une petite table, une boîte à compartiments remplie de journaux. Madame Belmont fit asseoir ses enfants sur des tabourets : elle demanda une feuille, et recommanda à ses enfants de se tenir tranquilles. Mais sa recommandation n'eut pas un grand effet lorsque Eugène, Amélie, et Mathilde, virent s'abattre sur la boîte aux journaux une volée de Moineaux francs. Quelque habitués que nos jeunes Parisiens fussent à la familiarité de ces oiseaux, ils restèrent muets de surprise lorsqu'ils les virent voler de la boîte sur la capote ouatée de soie noire de la femme aux journaux, sur son épaule, sur les bâtons de sa chaise, venir dans sa main béqueter des miettes d'échaudé ou de brioche. Ils se lèvent enfin simultanément, et s'avancent sur la pointe du pied pour saisir un de ces charmants Pierrots; mais leur étonnement augmente, lorsqu'au lieu de fuir la main qui va s'emparer de lui, un de ces oiseaux vole sur cette main, sans avoir l'air effarouché le moins du monde : « Ah! Maman, dit Eugène, regardez donc ce joli oiseau; que n'avons-nous une cage pour l'y faire entrer!... » « Gardez-vous-en bien, s'écria la femme aux journaux; je n'ai pas d'enfants, moi; ces oiseaux sont ma petite famille. Ah! si je vous contois toutes les peines que je me suis données pour les apprivoiser, les attentions infinies que j'ai eues pour eux et que je ne cesse d'avoir, vous comprendriez le zèle que je mets à défendre leur liberté; mais, si je ne me trompe, j'ai déjà eu occasion de parler à madame, et elle sait.... » « Oui, ma bonne, répondit madame Belmont, vous m'avez déjà dit avec quels soins vous êtes parvenue à opérer ce miracle; mais veuillez le raconter à mes enfants. Je me suis fait un plaisir de les amener ici, dans la supposition que vous voudriez bien nous donner sur ces oiseaux tous les détails qui sont à votre connoissance. » « Mais, madame, par le froid qu'il fait, vos enfants auront-ils le courage ou la patience de m'entendre jusqu'au bout? Voyez une partie de ces oiseaux voler sur les bords de la balustrade circulaire de cette rotonde. La neige, qui en recouvre les bords, porte à peine les empreintes de leurs petites pattes. Ils n'ont pas plutôt pris les miettes et les graines que je leur présente, qu'ils s'en revolent à tire-d'aile dans leurs nids. » « Ah! madame, ma bonne dame, dirent les enfants tous à-la-fois à la marchande de journaux, ne craignez rien pour nous, nous sommes habitués au froid; d'ailleurs nous sommes à deux pas du poêle de ce grand café, et nous irons nous y réchauffer pour peu que le froid devienne trop vif. Contez-nous donc, ma chère dame, comment vous êtes parvenue à apprivoiser ces petits Moineaux.

« Vous êtes si aimables, dit alors la femme aux journaux, que je vais vous raconter tous les détails de leur éducation et le hasard qui m'a révélé jusqu'à quel point ils sont susceptibles de devenir familiers. Il y a bientôt sept ans que j'ai obtenu, moyennant une rétribution assez modique, de pouvoir donner ici à lire, et d'y vendre des journaux. Deux ans après mon établissement à l'extrémité de cette allée qui est sur la droite, j'achetai à un petit garçon un nid de PIERROTS; je m'amusai à les élever; et, quoique rien ne soit plus facile que d'amener à bien cette espèce si commune en France, ils étoient si jeunes, et avoient si peu de plumes, que je regardois comme un miracle de n'en avoir pas perdu un seul des cinq qui composoient la nichée. Au lieu de les renfermer dans des cages, j'avois pris pour habitude de les mettre dans un coin de ma boîte aux journaux; au lieu de leur accourcir les ailes ou de leur enlever quelques plumes lorsqu'ils commencèrent à voler, je me plaisois à les laisser se joindre aux autres oiseaux non privés qui viennent toute la journée se jouer et chercher leur pâture dans le carré de gazon entouré de treillages que vous voyez en face. Je ne négligeois pas cependant de les rappeler très souvent et de leur offrir la BECQUÉE. Malgré la foule qui circule continuellement ici, ils voloient, des arbustes qui bordent les gazons, sur les tilleuls qui forment les allées, et de là sur ma boîte, sur ma tête, sur ma main: quelquefois sur celle de mes pratiques. Plus d'un habitué a souvent abandonné la lecture de son journal pour me faire des compliments et s'extasier sur l'aimable familiarité de mes petits hôtes. Leur bruyant ramage a plus d'une fois fait cesser d'ennuyeuses discussions politiques; leurs agaceries, leurs petites guerres, leurs vols, et leurs retours simultanés, ont souvent fixé l'attention d'une grande partie des promeneurs. Je vous l'avouerai, je m'attachai beaucoup à mes petits pensionnaires, d'abord par la grande raison que tous paroissoient avoir pris de l'attachement pour moi; ensuite par les peines mêmes que j'avois prises à leur inspirer cet attachement. Sans avoir peur de la capote noire qui recouvre habituellement ma tête, tous venoient se coucher dans ma boîte. Un soir cependant j'attendis inutilement leur rentrée au gîte; malgré mes appels réitérés, je les vis prendre leur volée et se diriger sur les grands maronniers de la Banque de France; je me désolai, je crus ma petite famille perdue pour moi sans retour; mais j'aimois mieux la savoir sur des arbres que dans les recoins des hautes terrasses du Palais-Royal. Là, me dis-je, au moins ils échapperont à la voracité de ces bandes nombreuses de chats qui font des courses continuelles sur les gouttières de ce palais. Vous pouvez bien croire que je dormis fort mal, et que le lendemain je me rendis au Palais-Royal de meilleure heure encore que les jours précédents. A peine eus-je passé les grilles du jardin, que je me vis en quelque sorte assaillie par mes cinq petits Moineaux; tous, par leurs bruyants *piou-piou*, sembloient me témoigner le plaisir qu'ils avoient à me revoir. Je me hâtai d'émietter une partie de la brioche que j'avois apportée. Depuis cette époque, et il y a de cela sept ans, j'ai continué à revoir mes oiseaux, dont le nombre, graces aux couvées fréquentes de mes cinq premiers Moineaux, s'est augmenté considérablement. Les pères et mères, apprivoisés, m'ont continuellement amené leurs petits, et je puis vous assurer que je connois individuellement chaque membre de ma nombreuse famille.

« Parmi un grand nombre de Moineaux qui se joueront dans le gazon, je reconnois ceux qui ont été élevés par moi ou par mes élèves, ou les descendants de mes premiers élèves. Je n'ai qu'à faire un appel, et vous allez voir voler vers moi ceux-ci, tandis que les autres ne bougeront pas ou voleront d'un autre côté. Je dois convenir aussi que l'attachement de ma famille emplumée tient un peu à leur gourmandise, et maintenant à la rigueur de la saison. La neige a couvert les mies de pain que les oisifs se plaisent à jeter dans les carrés, ainsi que les petites graines qui se trouvent dans le gazon. Mes miettes de brioche peut-être plaisent davantage à mes oiseaux que les mies de pain; et, par exemple, un jour comme celui-ci, par la neige qui couvre les rues et le jardin, ils ne trouveroient rien à manger avant onze heures ou midi, et encore seroient-ils obligés de chercher péniblement dans les boues qui se formeront sous les pieds des passants. Au retour du printemps, lorsque je me tiendrai chaque jour invariablement placée avec ma table et ma petite boîte à l'extrémité de l'allée de tilleuls, je recevrai moins souvent leurs visites, à la vérité; mais ces visites mêmes me paroîtront plus désintéressées. Mon bonheur, dans la belle saison, seroit parfait, si de petits polissons ne rôdoient pas alors autour des chaises et des treillages, munis de gluaux ou de sarbacannes, et s'ils ne m'enlevoient pas méchamment quelques-uns de mes charmants PIERROTS; ces petits me sont d'autant plus précieux, qu'il n'y a entre eux et moi que les liens d'une affection volontaire. Leur perte m'afflige sensiblement ; mais dans la vie tout est mélange de biens et de maux, de plaisirs et de chagrins. »

Ce fut ainsi que la marchande de journaux termina son récit, auquel nos aimables Parisiens prêtèrent une attention extrême. Madame Belmont mit une pièce de vingt francs dans une des cases de la petite boîte aux journaux, et demanda à ses enfants si le spectacle des oiseaux, qui n'avoient cessé d'aller et de venir, et de voleter dans la rotonde, ne leur avoit pas plu autant que ceux où on les avoit conduits précédemment. Tous remercièrent leur Maman. On retourna au logis avec joie, en se promettant bien de venir revoir les Moineaux francs et la bonne femme aux journaux.

LA CHASSE AU FAUCON.

La gravure représente dans le plan éloigné un Faucon combattant un Héron, et sur
le devant un autre Faucon prêt à saisir un Lièvre. À chaque coin du tableau est un
Faucon d'espèce différente.

Un jour que les trois enfants de M. Belmont se trouvoient réunis avec leur père dans son cabinet, et le pressoient de leur conter quelque anecdote nouvelle, il lui vint à l'idée de leur parler de la Chasse au Faucon. Je t'ai vu souvent, dit-il à Eugène, le plus pressant des trois, regarder avec étonnement quelques tableaux de chasse qui ornent la salle à manger de notre château. J'en augure que tu auras, comme moi, du goût pour la chasse. Les petits reproches que ta Maman m'a adressés sur ce goût destructeur m'y ont fait renoncer en partie; mais j'ai toujours du plaisir à en parler. Il faut que je vous dise quelque chose de la Chasse au Faucon, occupation favorite des anciens seigneurs châtelains.

Le Faucon est l'oiseau de proie le plus noble de son espèce. Ses champs de bataille sont les plaines de l'air, quoique bien souvent on le dresse à poursuivre le lièvre, et même les bêtes fauves, telles que le loup, le sanglier, etc. C'est de ses griffes, faites en forme de FAUX, qu'est dérivé son nom. Il y en a une infinité d'espèces différentes, parmi lesquelles on distingue le GERFAULT, qui approche de l'aigle pour la grandeur.

LA CHASSE AU FAUCON.

Le Faucon proprement dit est de couleur grise, armé d'un bec crochu et de serres vigou-
reuses. Les Faucons blancs sont les plus rares, mais peut-être aussi les plus braves. Le grand-
maître de Malte faisoit autrefois, tous les ans, présent au roi de France de douze de ces
oiseaux qui lui étoient offerts par un chevalier de l'ordre, auquel le roi faisoit à son tour présent de mille écus. Alors nul marchand fauconnier ne pouvoit vendre de ces oiseaux sans les
avoir préalablement présentés au grand fauconnier, qui retenoit ceux qu'il jugeoit convenables
aux plaisirs du roi.

La chasse au vol n'appartient qu'aux princes et aux souverains, par les dépenses qu'elle
nécessite; elle tient d'ailleurs plus à la magnificence qu'au plaisir. Les Faucons pris au nid
sont plus faciles à dresser que ceux qui ont joui de la liberté avant d'être pris. Les besoins
étant le principe de la dépendance de l'oiseau, pour l'apprivoiser on l'affame, on le prive du
sommeil pendant plusieurs nuits; est-il trop méchant, on lui plonge la tête dans l'eau; et
enfin l'on ne satisfait son appétit qu'autant qu'il se montre moins hagard, moins rebelle. Après
de rudes épreuves, l'oiseau bien traité se familiarise, et le fauconnier en fait tout ce qu'il veut.
Le principal soin de celui-ci est d'accoutumer son élève à se tenir sur le poing, à partir quand
il le jette, à connoître sa voix, ses signaux, et à revenir à son ordre. Pour amener l'oiseau à
ce point il faut se servir du LEURRE. Le leurre est une représentation de proie; c'est un morceau d'étoffe ou de bois garni d'un bec, d'un pied, et d'ailes; on y attache de quoi PAITRE l'oiseau. On lui jette le leurre quand on veut le réclamer ou le rappeler. La vue d'une nourriture
qu'il aime, jointe au cri que jette le fauconnier, le ramène bien vite. Dans la suite la voix

seule suffit. Quand on exerce ainsi l'oiseau, on le tient attaché à une ficelle qui a plusieurs toises de longueur.

Après plusieurs semaines d'exercice, on essaie l'oiseau en pleine campagne. On lui attache des grelots aux pattes pour être plus tôt instruit de ses mouvements. On le tient toujours chaperonné, c'est-à-dire la tête couverte d'un cuir qui lui descend sur les yeux, et, sitôt que les chiens arrêtent ou font lever le gibier, le fauconnier déchaperonne l'oiseau, et le jette en l'air après la proie. C'est alors une chasse divertissante, que de le voir ramer, planer, voler en pointe, monter et s'élever par degrés et à reprises, jusqu'à le perdre de vue dans la moyenne région de l'air. Il domine ainsi sur la plaine ; il étudie les mouvements de la proie, que l'éloignement de l'ennemi a rassurée ; puis tout-à-coup il fond dessus comme un trait, et la rapporte à son maître, qui la réclame. On ne manque pas, sur-tout dans les commencements, de lui donner, quand il est retourné sur le poing, le gésier et les entrailles de la proie qu'il a apportée. Ces récompenses animent l'oiseau à bien faire et à n'être pas niérreux ou libertin, c'est-à-dire, à ne pas s'enfuir pour ne plus revenir, ce qui lui arrive quelquefois.

On dresse les Faucons au POIL, c'est-à-dire à poursuivre le lièvre ; et il y en a qui sont au poil comme à la PLUME. Pour les dresser à la chasse du chevreuil ou du loup on met dans le creux des yeux d'un de ces animaux empaillés la nourriture du faucon, et on a soin de ne pas lui en donner d'autre. Le besoin et l'habitude font que, porté à la chasse, il ne manque pas de tomber sur les yeux de la bête fauve dont il a long-temps maltraité le simulacre.

Quoi qu'il en soit de l'adresse des fauconniers, l'homme, dit M. de Buffon, n'a point influé sur la nature de ces animaux. Quelque utiles aux plaisirs, quelque agréables qu'ils soient pour le faste des princes chasseurs, jamais on n'a pu en élever, en multiplier l'espèce. On dompte, à la vérité, le naturel féroce de ces oiseaux par la force de l'art et des privations : on leur fait acheter leur vie par des mouvements qu'on leur commande. Chaque morceau de leur subsistance ne leur est accordé que pour un service rendu. On les attache, on les garrotte, on les affuble, on les prive même de la lumière et de toute nourriture, pour les rendre plus dépendants, plus dociles, et ajouter à leur vivacité naturelle l'impétuosité du besoin; mais ils servent par nécessité, par habitude, et sans attachement; ils demeurent captifs, sans devenir domestiques; l'individu seul est esclave, l'espèce est toujours libre, toujours également éloignée de l'empire de l'homme : ce n'est même qu'avec des peines infinies qu'on en fait quelques prisonniers; et rien n'est plus difficile que d'étudier leurs mœurs dans l'état de nature. Comme ils habitent les rochers les plus escarpés des plus hautes montagnes, qu'ils s'approchent très rarement de terre, qu'ils volent d'une hauteur et d'une rapidité sans égale, on ne peut avoir que peu de faits sur leurs habitudes naturelles.

LES ANIMAUX DANSANTS.

La gravure représente la Porte Saint-Denis vue du côté du faubourg, et les exercices de l'Ours, des Singes, et des Chiens savants. Le dessinateur a supposé le monument au milieu d'une place circulaire, et entouré de maisons d'une architecture simple et uniforme.

Mathilde avoit les yeux rouges, et des larmes sillonnoient encore ses joues, ordinairement fraîches et vermeilles, actuellement décolorées. Triste et silencieuse, elle sembloit bouder dans un coin de la chambre. Les agaceries de son frère, de sa sœur, ne pouvoient la distraire.

Avoit-elle reçu de son père ou de sa mère quelque correction ou du moins quelque réprimande? Avoit-elle eu le malheur de briser un meuble, un vase de porcelaine? Avoit-elle mal retenu sa leçon? L'avoit-on convaincue d'un mensonge? Auroit-elle été par hasard jalouse de quelque cadeau fait à sa sœur ou à son frère?

Rien de tout cela.

Quelle étoit donc la cause d'une mélancolie aussi profonde?

Mathilde venoit de prendre sa leçon de danse.

Bonne plaisanterie! s'écriera-t-on; une petite fille auroit pleuré au sujet d'un exercice qui est si fort du goût de son âge!

Oui, sans doute, Mathilde, Amélie, et Eugène lui-même, n'étoient pas des derniers, lorsqu'ils

LES SINGES L'OURS ET LES CHIENS SAVANTS.

se trouvoient avec d'autres enfants, à folâtrer, à danser des rondes, à étourdir leurs surveil-
lants. Ils n'étoient pas même trop déplacés dans un bal brillant. Eugène, servant de cavalier
à l'une de ses sœurs, remplissoit à merveille son rôle dans une contre-danse; il exécutoit, à
peu de chose près, les pas qu'il voyoit faire aux autres danseurs, et rompoit rarement la
mesure. Quant aux figures, c'étoit son fort : il les connoissoit aussi bien que le meilleur chef
d'orchestre, et reprenoit avec zèle les personnes qui venoient à se tromper.

Mathilde n'étoit pas de cette force : elle sautoit plutôt qu'elle ne dansoit; mais, s'il lui manquoit une instruction complète, elle ne laissoit pas de faire briller ses graces naturelles. Ce qui
la désoloit, ce n'étoit pas d'étudier avec son maître des pas nouveaux; c'étoit la contrainte à
laquelle l'assujettissoit M. Pochette pendant des quarts d'heure entiers. Sous prétexte, disoit-
elle, d'assouplir mes jambes, de dégourdir mes jarrets, ce maudit M. Pochette me condamne
aux attitudes les plus pénibles. Il faut que, sans bouger de place, les pieds cloués à la même
position, je me baisse et me relève, je ne sais combien de fois, au gré de ce vilain homme.
Encore, ajoutoit Mathilde, si pour m'égayer il racloit du moins quelques airs agréables sur son
bizarre violon; mais, point du tout, il n'en tire que des sons aigus qui ne ressemblent à rien,
et me déchirent les oreilles.

La petite espiègle avoit beau jeu pour donner carrière à sa langue. Son père et sa mère
étoient allés rendre visite à de nouveaux mariés. Madame Gervais, sa bonne, qu'elle ne craignoit guère, étoit seule à la maison, et obligée de quitter de temps en temps les enfants pour
s'occuper d'autres objets confiés à sa surveillance.

Il faisoit ce jour-là un temps superbe. Madame Belmont avoit recommandé à la bonne de mener promener les enfants sur les boulevards. Mathilde se seroit volontiers dispensée de la partie, afin de pouvoir s'abandonner dans la solitude à ses réflexions sinistres contre M. Pochette; mais il fallut suivre sa bonne.

L'air du dehors, le beau monde que l'on rencontra sur le boulevard de Gand, ne tardèrent pas à dissiper la morosité de la petite. Bientôt ELLE ACCEPTA LE BRAS DE SON FRERE, et marcha avec lui en avant, pendant que la bonne se chargea d'Amélie.

La bonne ne vouloit pas aller plus loin que la partie du boulevard située en face des Panoramas; les enfants insistèrent pour aller au-delà, et, s'il étoit possible, jusqu'aux boulevards du Temple, qui étoient pour eux une contrée qu'ils ne visitoient que rarement. Ils avoient entendu parler mille fois, avec admiration, même par des gens du monde, des ignobles facéties de Bobèche et de Galimafré; ils brûloient de les entendre; mais M. Belmont avoit interdit à ses domestiques, sous peine d'expulsion, de jamais conduire ses enfants à un pareil spectacle. Madame Gervais se seroit donc bien gardée de satisfaire au desir d'Eugène et de Mathilde; pour ne pas leur résister tout-à-fait, elle les conduisit jusqu'à la porte Saint-Denis. Là il leur eût été difficile d'aller plus loin, quand ils l'auroient voulu, à moins de sortir de la contre-allée et d'exposer aux injures d'une boue épaisse les souliers blancs d'Amélie et la jolie chaussure rose de Mathilde. En effet, un groupe nombreux obstruoit le passage. Les sons d'une cornemuse et d'un mauvais violon se faisoient entendre au milieu de la foule, et n'étoient guère moins discordants que le rauque instrument de M. Pochette.

Les enfants demandèrent à voir ce que c'étoit; madame Gervais craignoit de se mêler dans la foule. Un Savoyard, compagnon du joueur d'instruments, leur fit faire place (il avoit pour cela ses raisons), et bientôt les enfants jouirent du spectacle aussi à leur aise que s'ils eussent été au balcon de l'Opéra.

Cette représentation en plein vent avoit pour entrepreneurs et pour directeurs des hommes grossiers qui, désespérant de se faire remarquer en rivalisant eux-mêmes le talent des Gardel et des Vestris, avoient dressé à cet élégant exercice les animaux qu'on y pourroit croire le moins propres, des Chiens et même un Ours.

L'Ours, qu'on nommoit Martin, à cause de celui du jardin des Plantes (car les noms célèbres ont toujours une sorte de magie), le faux Martin, en un mot, faisoit l'exercice avec un gros bâton noueux qui lui servoit de fusil.

Je n'oserois dire qu'il exécutât ses mouvements avec une précision parfaite; il n'obéissoit pas même sans grimaces aux ordres de son maître; mais enfin il se dressoit avec une sorte d'agilité sur ses jambes de derrière; retenu par une forte chaîne qu'il ne paroissoit pas songer à briser, il tournoit en rond, et recevoit, sans trop de murmures, les coups de gourdin qu'on lui administroit quand il s'écartoit de la discipline.

Ah! mon Dieu! s'écria Mathilde, voilà des coups de bâton plus douloureux que les coups d'archet de M. Pochette!

Mon enfant, dit en riant madame Gervais, il ne faut pas comparer ces démonstrations brutales par lesquelles seules on peut ramener à l'obéissance de tels animaux, aux gestes d'impatience d'un maître à danser. Si par hasard M. Pochette a touché légèrement avec son archet des genoux rebelles aux exercices qu'il prescrivoit, c'étoit moins une punition qu'un petit avertissement adressé à l'amour-propre. L'Ours que vous voyez danser, ces deux Chiens travestis, l'un en Marquis, l'autre en vieille Comtesse, ce Singe, qui fait l'exercice militaire, à qui l'on feint de faire la barbe, qui passe à travers un cerceau et exécute mille gambades, ont été obligés de subir des RÉPÉTITIONS douloureuses avant d'être en état de venir sur le terrain, et de gagner leur vie et celle de leurs maîtres. Ils ont reçu pour cela bien des gourmades et bien des coups de fouet, sans compter les jeûnes et autres châtiments extraordinaires.

Comment, dit Eugène, ces animaux-là travaillent pour gagner leur vie !

Oui, mon enfant; mais c'est à leur insu. La société est un échange continuel et réciproque de services de toute espèce. Les animaux que nous réduisons à l'état de domesticité ne reçoivent de nous leur nourriture que parcequ'ils nous sont agréables ou utiles. Les Chiens dansants pourroient, j'en conviens, avoir une destination plus importante; ils pourroient veiller à la garde des habitations, à la conduite des troupeaux; mais le hasard a voulu qu'ils tombassent entre les mains d'hommes qui n'avoient pas de propriétés à conserver, et qui ne pouvoient les employer à un autre usage.

Ce que je dis des Chiens sera plus facile à comprendre à l'égard du Singe et de l'Ours. Le Singe seroit demeuré dans les déserts de l'Afrique, l'Ours pris dans les montagnes du côté des Alpes auroit été tué par les chasseurs avides de vendre sa peau, si les hommes qui ont fait ces captures n'eussent pas compté en retirer plus d'utilité en les promenant de ville en ville

On a mis à profit leur heureux instinct, et, sans qu'ils le demandassent, sans qu'ils en eussent la moindre pensée, on les a employés de la manière la plus appropriée à leur caractère.

Plût à Dieu que l'on pût mettre ainsi les hommes à leur place selon leur intelligence et leurs lumières; il n'y auroit pas tant d'intrigues, et les choses iroient beaucoup mieux! Au reste, il ne faut pas se décourager; je me rappelle que l'autre jour monsieur votre père, afin d'exciter de plus en plus Eugène à des études solides, lui citoit cette maxime d'un écrivain anglais (¹).

« Nous devons travailler à nous rendre dignes de quelque emploi : le reste ne nous regarde « pas, c'est l'affaire des autres. »

Il restoit à Eugène à comprendre comment les maîtres des animaux pouvoient tirer parti de l'industrie de ceux-ci. Il n'eut pas besoin pour cela d'adresser de nouvelles questions à sa bonne, car il vit bientôt un Savoyard faire sa tournée avec une tasse de bois, où il recueillit un assez bon nombre de pièces de monnoie de cuivre. Mathilde, pour venir au secours de ces pauvres gens, et en même temps pour s'imposer à elle-même une amende, et se punir de sa mauvaise humeur de la matinée, glissa timidement dans la tasse du Savoyard une petite pièce blanche, et l'on retourna gaiement au logis.

(¹) Bacon.

EXERCICES DES CHEVAUX
DE MM. FRANCONI.

La gravure représente le Cheval artificier ; la Jument Coquette à genoux sur les pieds de devant, ensuite sur ceux de derrière ; le saut du Tonneau ; un Cheval qui saute par-dessus deux autres chevaux ; et M. Franconi se reposant sur la Jument Coquette.

EUGÈNE avoit reçu pour ses étrennes un de ces chevaux de carton montés sur deux pièces de bois courbe, et qui, par le balancement qu'on leur donne, imitent, à ce que disent les marchands, le mouvement d'un cheval véritable.

Lassé de faire toujours la même chose, le pétulant Eugène dit à ses sœurs : Vous n'avez pas encore vu le spectacle de M. Franconi, hé bien ! vous allez en avoir une idée. Regardez-moi faire les grands tours d'équilibre, debout sur un cheval ! Celui-ci vaut bien, j'espère, le célèbre GLORIEUX de M. Franconi.

Aussitôt dit, aussitôt fait ; par malheur la monture du jeune espiègle, peu faite pour un pareil manége, glisse d'abord en avant, puis sur le côté, et Eugène tombe, en se faisant une légère meurtrissure à la tête.

EXERCICES DES CHEVAUX DE M.M. FRANCONI.

M. Belmont, qui travailloit dans un cabinet voisin, accourt au bruit. Eugène, et sur-tout Amélie et Mathilde, à qui rien n'étoit arrivé, jetoient des cris d'énergumènes.

Qu'y a-t-il? demande M. Belmont tout effaré. Les deux jambes cassées! répondent à-la-fois les trois enfants. — À qui donc? à Eugène? — Non, au cheval!

Le bon père prit le parti de rire d'un accident qui l'avoit d'abord alarmé.

Eugène se vit promptement guéri de son mal véritable; mais il fut long-temps impossible de le consoler de la perte de son cheval.

La Maman arrive à son tour, et tance vertement le pauvre Eugène d'avoir voulu imiter les écuyers de M. Franconi. Maman, dit Amélie, ce n'est pas sa faute. Eugène a été pendant les vacances au cirque de M. Franconi, dans cette petite ville près de laquelle est la campagne de Papa : il a voulu nous montrer comment on faisoit les grands tours d'équilibre.

Hé bien! reprit la Maman, Amélie et Mathilde, je vous conduirai ce soir au cirque de M. Franconi. J'aurois bien voulu y mener aussi Eugène; mais ce spectacle ne lui offriroit plus rien de neuf; il restera ici en proie à ses réflexions douloureuses sur l'accident arrivé à son cheval de bois.

Eugène protesta qu'il supporteroit cette perte avec philosophie, si on lui promettoit d'accompagner ses sœurs au spectacle. La Maman se fit un peu prier, mais se laissa séduire par la promesse que firent les enfants, en se rendant cautions les uns pour les autres, d'être d'une sagesse exemplaire pendant huit grands jours au moins.

On pressa l'heure du dîner. Les enfants attendoient avec impatience l'instant où M. Belmont, sortant pour ses affaires habituelles, les laisseroit libres de vaquer à leurs plaisirs. Ils furent bien étonnés lorsqu'il annonça qu'il seroit de la partie.

Ce spectacle, dit-il, n'est pas entièrement à dédaigner par les personnes les plus graves. L'instinct des animaux, déjà si admirable dans l'état de nature, se perfectionne par l'éducation, ou plutôt reçoit une direction différente : car c'est toujours le même objet que l'animal sauvage ou privé, brut ou savant, se propose de remplir. Un chétif insecte, le FOURMI-LION, dont Eugène a pu lire dans le Traité des Études, par Rollin, une description intéressante, ne dresse ses pièges avec tant d'industrie que pour attirer les fourmis nécessaires à sa subsistance, et qu'il ne peut se procurer d'une autre manière. De même, les Chevaux de M. Franconi, le Cerf Coco, et tous les animaux savants en général, n'ont été façonnés aux prodiges qu'on leur voit exécuter que par une longue diète, et par de rigoureuses corrections. Ils savent ne pouvoir obtenir leur pitance ordinaire, ou des mets un peu plus succulents, qu'à condition qu'ils se prêteront aveuglément aux volontés de leurs maîtres.

Comment ! dit Eugène, ce Cheval qui se précipite à travers un tonneau fermé de chaque côté avec des feuilles de papier, ce Cerf qui passe à travers les flammes, ce Cheval qui fait le mort et ressuscite à volonté, ne cèdent qu'à l'espoir d'obtenir des friandises ou à la crainte des châtiments ?

Peines et récompenses bien proportionnées et distribuées à propos, voilà, dit M. Belmont, le secret de toutes les éducations. Les hommes eux-mêmes, à qui vous verrez exercer un métier aussi périlleux, ne s'y dévouent qu'afin de vivre un peu plus commodément qu'ils n'espèreroient le faire en exerçant un autre genre d'industrie. Accoutumés à cette profession dès l'âge le plus tendre, ils ont été tour-à-tour récompensés ou punis suivant que leur instituteur étoit ou non satisfait de leurs progrès ou de leur bonne volonté. Ils s'en sont fait une routine ; l'applaudissement du public et les rétributions pécuniaires sont aujourd'hui leur récompense ; la crainte de déplaire, et par suite la perte de leur état, sont les châtiments qu'ils ont devant les yeux. Mais cessons de discourir, et songeons que l'heure s'avance.

Les enfants sautent plutôt qu'ils ne montent en voiture, et l'on arrive au but si desiré.

PREMIÈRES SCÈNES.

MANŒUVRES DE CAVALERIE; TOURS D'ÉQUILIBRE OU D'ADRESSE DIVERS.

Le spectacle s'ouvrit par une sorte de marche militaire qu'exécutèrent huit à dix cavaliers, rangés tour-à-tour deux à deux, quatre à quatre, ou galopant à la suite les uns des autres.

Quelquefois ils se mettoient tous de front en pivotant sur leur centre. M. Belmont fit remarquer à ses enfants en quoi consistoit la difficulté et par conséquent le mérite de ces évolutions diverses. Lorsque les cavaliers n'occupoient qu'une seule ligne, les chevaux les plus rapprochés de l'amphithéâtre et du public avoient à décrire un cercle beaucoup plus étendu que les chevaux voisins du centre : ceux-ci ne faisoient guère que tourner sur eux-mêmes. Cependant tous conservoient un ordre admirable, et la ligne n'étoit presque jamais rompue.

M. Franconi le père, à qui l'opération de la cataracte n'a que trop imparfaitement rendu l'usage de la vue, présidoit à ces mouvements, et, par son aplomb, par la justesse de ses évolutions, il rappeloit le temps où, successeur de l'écuyer anglais Astley, il étoit lui-même un des plus forts voltigeurs de sa troupe.

Bientôt les cavaliers disparurent. Un des frères Franconi se plaça au milieu du manége, armé d'un long fouet, qu'en termes d'équitation l'on appelle chambrière. Son neveu, le petit

Franconi, vêtu en mamelouk, traînant à son côté un long sabre, entra en courant, et salua gracieusement le public. On amena à cet enfant un cheval parfaitement en rapport avec sa taille; il le monta avec très peu de secours, et, parcourant au trot l'espace circulaire, il exécuta ce qu'on peut appeler les éléments de la voltige.

Assis sur son cheval à la manière ordinaire, il monta ensuite debout sur une selle plate, arrangée exprès pour cette sorte d'exercice. Il y conservoit l'équilibre, en tirant fortement une longue bride distincte des rênes ordinaires, qui restoient flottantes sur le cou du cheval.

Les enfants de M. Belmont et d'autres qui se trouvoient dans la même loge furent effrayés de voir le jeune écuyer se pencher sur la gauche, comme s'il alloit tomber dans l'intérieur du cirque. M. Belmont les rassura. Le mouvement circulaire, dit-il, porte le cavalier sur la droite, en dehors du cirque. Il neutralise et rend nulle cette impulsion naturelle en se jetant du côté opposé. Par là l'équilibre se trouve rétabli.

Après avoir fait plusieurs tours, le jeune Franconi descendit de son cheval, et y remonta alternativement, en mettant un pied à terre. Sa carrière alloit finir avec succès, et au milieu des plus vifs applaudissements, lorsque tout-à-coup le pied lui manque; le cheval s'effraie, se cabre, et le jeune écuyer pense éprouver le sort d'Hippolyte :

Dans les rênes lui-même il tombe embarrassé.

Les spectateurs jetèrent aussitôt de grands cris; mais le cheval, fidèle à l'instruction qu'ont reçue en pareil cas tous les chevaux de M. Franconi, s'arrête brusquement. Le jeune écuyer, peu meurtri par sa chute sur un sol mouvant et léger, ne tarda pas à remonter de lui-même et à prendre glorieusement sa revanche.

Au jeune Franconi succéda sa cousine ÉLISA. Celle-ci fut dirigée non par son père, mais par son oncle. Les enfants le remarquèrent, et ce fut le sujet d'une nouvelle instruction donnée par M. Belmont. Les pères, leur dit-il, sont trop prompts à s'alarmer sur les dangers que courent leurs enfants. Ils n'auroient point cette promptitude de coup-d'œil qui donne la juste mesure du péril et en indique le remède le plus efficace.

Mais pourquoi, demanda Adèle, ces enfants n'ont-ils pas, comme nous, d'autre occupation? Pourquoi ne leur fait-on pas apprendre des leçons de grammaire, d'écriture, et de calcul? Pourquoi les expose-t-on tous les jours à perdre la vie?

Bénissez, répliqua M. Belmont, la condition où le sort vous a placés, mais ne vous enorgueillissez pas. L'être le plus favorisé de la fortune peut être d'un moment à l'autre réduit à gagner son existence par les moyens les plus pénibles. D'ailleurs ces enfants n'ont peut-être rien de mieux à faire que de suivre la carrière de leurs parents; et, je le répète, il y a peu de dangers à craindre. Les accidents, lorsqu'il en arrive dans ce cirque, ne sont jamais fort graves, à cause des précautions que l'on ne cesse de prendre, et sur-tout à cause de l'étonnante docilité des animaux.

Pendant cette conversation, mademoiselle Élisa Franconi exécutoit des tours de souplesse et d'agilité qui ravissoient les spectateurs. Non-seulement elle galopoit debout sur la selle, mais la bride étoit un secours inutile pour l'y maintenir; elle la lâchoit, et sautoit à plusieurs pouces de la selle, en retombant sur ses genoux.

Elle alla jusqu'à se tenir sur la pointe d'un seul pied, en jetant un de ses bras en avant, et dans l'attitude qu'on prête à la figure de la Renommée.

Un Mamelouk, c'est-à-dire un des frères Franconi, vêtu en Mamelouk, se présente à son tour dans l'arène. Il sautoit à une hauteur considérable, tantôt par-dessus sa cravache, tantôt par-dessus un chapeau à trois cornes, dont il tenoit l'extrémité de chaque main. On le vit quelque temps après passer au travers d'un cerceau qu'il faisoit mouvoir par-dessous ses jambes et par-dessus sa tête avec une inconcevable rapidité.

Eugène, après avoir observé ce spectacle en silence pendant quelque temps, demanda comment il se faisoit que le cheval continuant sa route pendant que le voltigeur étoit en l'air, celui-ci, au lieu de se retrouver en selle, ne tombât pas à terre sur l'enceinte sablée.

C'est, répondit M. Belmont, assez difficile à entendre pour ceux qui ne connoissent pas les lois de la physique; mais une des scènes suivantes me fournira peut-être l'occasion de vous donner une explication à votre portée.

Cette occasion se présenta peu d'instants après. L'orchestre fit un grand bruit de fifres et de trompettes, un palefrenier, d'une voix de Stentor, annonça la MUSE AMÉRICAINE, et l'on vit paroître madame Franconi habillée en sauvage. L'intrépide écuyère exécutoit les mêmes merveilles que les hommes. On plaçoit sur le passage de son cheval une ou deux planches élevées au niveau du balcon du cirque, c'est-à-dire à trois ou quatre pieds du sol. Le cheval franchissoit les planches, pendant que madame Franconi, prenant son essor en même temps que le coursier, sautoit à pieds joints par-dessus sa cravache.

Elle s'arrêta. On lui remit une bouteille, et quelques grains de plomb. Elle mit son cheval au grand trot, et renversa sa bouteille pour faire voir qu'il n'y avoit rien dedans; puis, jetant les grains de plomb en l'air l'un après l'autre, elle les recueillit dans le goulot de la bouteille, sans que la vitesse du cheval fût un moment suspendue.

Elle exécuta ensuite à-peu-près le même tour avec des pommes qu'elle jetoit en l'air, et retenoit sur les pointes d'une fourchette, comme si elle eût joué au bilboquet.

Amélie rappela à son père que c'étoit sans doute le moment qu'il avoit attendu pour leur donner une explication. Ce que j'admire le plus, dit-elle, ce n'est pas un tour que j'aurois peine, je l'avoue, à exécuter dans ma chambre, et les pieds fixés à terre; mais je ne saurois concevoir comment ces grains de plomb ou ces pommes jetés en l'air ne restent pas bien loin derrière le cheval et le cavalier.

Le cheval, répliqua M. Belmont, courroit au grand galop, que le résultat seroit le même. C'est ainsi que l'on pourroit jouer à la balle ou au volant sur le pont de la galiote de Saint-Cloud, quelle que fût sa vitesse, sans que le volant ou la balle restassent en arrière et tombassent dans l'eau.

Dans ce moment-ci où madame Franconi tient à la main ses pommes, et ne songe plus qu'à régler uniformément la marche de sa monture, le cheval, l'écuyère, ce que celle-ci tient à la main, tout a reçu la même impulsion, tout s'avance avec la même vitesse dans le même sens.

Pendant que M. Belmont parloit, le cheval fit un faux pas; madame Franconi laissa tomber une des pommes qu'elle tenoit à la main : la pomme ne tomba point en arrière, elle glissa le long de la selle, roula en avant, et fut écrasée sous un des pieds du cheval qui continuoit de courir.

Voilà, dit M. Belmont, un fait qui vaut mieux que tous les raisonnements. Vous voyez que la pomme avoit reçu un mouvement bien prononcé pour aller en avant. À présent que madame Franconi lance l'autre pomme au-dessus de sa tête, ce projectile, quoique dirigé en ligne droite, va tomber dans sa main : c'est ce que l'on peut vérifier tous les jours lorsqu'on monte à cheval.

J'essaierai cela, dit Jules, sur mon cheval de bois... quand il sera raccommodé.

Au surplus, continua M. Belmont, ce que nous venons de voir est la meilleure explication du système de Copernic, suivant lequel le globe terrestre tourne sur lui-même, tandis que sa masse entière s'avance dans l'espace avec une rapidité de beaucoup supérieure à celle d'un boulet de canon. Malgré cette vélocité effrayante, rien n'est dérangé à la surface de la terre : ce que nous jetons tout droit en l'air retombe dans nos mains. Les oiseaux éloignés de leurs nids les retrouvent, quoique ces nids soient réellement à quelques centaines de lieues du point de l'espace où ils les ont quittés; mais les oiseaux, pour s'être détachés de la surface terrestre, n'ont point cessé de retenir l'impulsion reçue, et de faire partie du tourbillon général.

Le saut du ruban fut ensuite ce qui attira l'attention des jeunes spectateurs. Des hommes montoient sur le balcon, et tenoient élevés plusieurs rubans attachés par l'extrémité opposée à une longue perche.

Un écuyer faisoit plusieurs tours de l'arène, en baissant à chaque fois la tête au-dessous des rubans, jusqu'à ce que son cheval eût pris l'allure requise. Ensuite il s'élançoit au-dessus des rubans, et se retrouvoit tantôt assis, tantôt debout sur la selle. Lorsque le coup manquoit, ce qui n'étoit pas très rare, à cause de l'extrême difficulté de cet exercice, les palefreniers, qui tenoient les rubans avec mollesse, les lâchoient aussitôt, et nul accident n'arrivoit.

On substitua une planche aux rubans, et l'un des plus habiles écuyers de la troupe surmonta cet obstacle avec le même succès.

Deux scènes comiques servent ordinairement d'intermède à ces exercices d'adresse et de vigueur. Ce sont les scènes de Rognolet et du paysan Clause. Par bonheur pour les enfants de M. Belmont, elles furent données toutes deux le même jour.

VUE DU CIRQUE OLYMPIQUE DE M.M. FRANCONI

avec plusieurs Scenes du Cirque.

M. ROGNOLET
OU LE TAILLEUR GASCON.

La gravure représente le Cirque de Franconi, et les scènes de Rognolet, Passe-Carreau, et du Maître de Poste, sur le théâtre, des chevaux dansent la gavotte. Toutes ces scènes sont représentées comme si elles avoient lieu simultanément.

Pendant l'entr'acte, des garçons de salle disposèrent, à l'une des issues par lesquelles entrent ou sortent les chevaux, une décoration de théâtre représentant l'extérieur d'une boutique, avec cette inscription : Rognolet, marchand tailleur.

Les enfants de M. Belmont furent tout yeux et tout oreilles.

La scène s'ouvrit par l'arrivée d'une espèce de valet imbécille, appelé Passe-Carreau (¹). Ce valet se promenoit dans l'enceinte du cirque, tenant un paquet sous le bras. Un Postillon, monté sur un bidet de poste, arrive tout droit sur Passe-Carreau, qui, dans son effroi, laisse tomber son paquet, et dit : Eh! mon Dieu! on crie gare, au moins!

Le Postillon. Voici une lettre de la part de mon maître.

(¹) On appelle *carreau* un fer avec lequel les tailleurs abattent les coutures, et donnent aux étoffes le pli convenable.

Passe-Carreau. Que veut-il, votre maître?

Le Postillon. Il demande M. Rognolet. Où est-il?

Passe-Carreau. Il n'y est pas.

Le Postillon. Comment! il n'y est pas à l'heure qu'il est? Tenez, remettez-lui cette lettre, et bien vite; car c'est bien pressé.

Le Postillon sort, et M. Rognolet arrive. Il est frisé et poudré à blanc, de la manière dont on représente les Gascons sur les théâtres. Il a sur l'épaule plusieurs bandes d'étoffe; ce sont des échantillons qu'il tient tout prêts pour les montrer à ses pratiques (¹). La toilette de M. Rognolet, et sur-tout le bidet noir et rétif sur lequel il est monté, excitent des éclats de rire prolongés. Les enfants de M. Belmont ne sont pas ceux qui prennent le moins de part à l'alégresse.

M. Rognolet (à son garçon). Qu'est-ce qu'il y a de nouveau?

Passe-Carreau. Rien du tout. Il est venu un petit Postillon qui a dit comme ça que son maître vous demande, et que c'est bien pressé.

M. Rognolet. Où faut-il aller?

Passe-Carreau. À l'endroit indiqué par la lettre.

M. Rognolet. Où est la lettre?

(¹) Cette scène vient du théâtre d'Astley. Il n'y a pas long-temps que les tailleurs anglais portoient de cette manière les échantillons de diverses étoffes.

Passe-Carreau. Je vous l'ai donnée.

M. Rognolet cherche en vain de tous côtés, et jusque sous la selle de son cheval, la lettre que Passe-Carreau ne lui a point remise, et que celui-ci trouve enfin dans sa poche. M. Rognolet ouvre la lettre, qui est écrite sur une énorme feuille de papier. Il ordonne à son garçon d'en faire lecture.

Passe-Carreau. Ah! mon Dieu! que de pattes de mouches! (Il lit en épelant.) « M. Rognolet « est prié de se rendre au château près de Castelnaudary, pour me prendre mesure d'un habit. »

M. Rognolet. J'y vais de suite, en piquant des deux.

Le bidet du maître tailleur, déjà fatigué d'une longue course, ne voit pas avec plaisir un nouveau voyage qui va l'éloigner du gîte; il s'abat, et tombe à la renverse sur le pauvre Rognolet.

M. Rognolet. Passe-Carreau, dégage-moi la jambe gauche; elle est brisée!

Passe-Carreau. Comment, brisée!

M. Rognolet. Rien que cela.

Passe-Carreau. Je vais chercher du secours.

M. Rognolet. Retire ma jambe auparavant.

Passe-Carreau tire de toutes ses forces la jambe droite.

M. Rognolet. Ce n'est pas celle-là, malheureux! c'est la gauche.

Passe-Carreau s'empare de la jambe gauche du cheval, et la tire avec vivacité.

M. Rognolet. Cadédis! que fais-tu à mon cheval? il ne se relèvera pas. Le pauvre animal est mort : nous n'avons pas trouvé d'avoine en route.

PASSE-CARREAU. Vous n'avez pas mangé d'avoine en route?

M. ROGNOLET. Bestias! C'est le cheval qui n'a pas mangé.

PASSE-CARREAU. C'est votre faute.

M. ROGNOLET. Vous raisonnez! je crois; je n'aime pas les raisonneurs.

PASSE-CARREAU. Je raisonne, parceque j'ai raison.

Le maître tailleur s'agitoit vainement sur la bête, qui ne donnoit aucun signe de vie. Les enfants de M. Belmont, et sur-tout Mathilde, ne pouvoient se persuader que cet état de mort fût simulé.

M. ROGNOLET (à Passe-Carreau.) Mon cher, il me vient une idée : va trouver le maître de poste, et dis-lui qu'il m'est arrivé un accident.

PASSE-CARREAU (l'appelant). M. la Poste! M. la Poste!

Le maître de poste, représenté par M. Franconi aîné, arrive en faisant claquer son fouet : il demande ce qu'on lui veut.

PASSE-CARREAU. C'est mon maître et son bidet qui sont tombés là par terre.

LE MAÎTRE DE POSTE. Je ne vois ni l'homme ni la bête.

PASSE-CARREAU. Est-ce que vous êtes MIOCHE?

M. ROGNOLET. On dit MYOPE et non pas MIOCHE.

Le Maître de Poste, après avoir touché le cheval, dit : Ce bidet n'est pas mort.

PASSE-CARREAU. Bon! vous voyez qu'il a une fièvre de cheval. (Éclats de rire des enfants.)

Le Maître de Poste fait de nouveau claquer son fouet. Le cheval se relève, et emporte son maître, qui s'y trouve placé à contre-sens. M. Rognolet crie : Arrête! Arrête! jusqu'à ce que le cheval se débarrasse de son cavalier et prenne la fuite.

M. Rognolet répare le désordre de ses vêtements, qui sont tout couverts de poussière; il cherche de toutes parts son chapeau, qu'il n'a garde de trouver, parceque l'imbécille Passe-Carreau l'a pris sous son bras par distraction, et le tient tout-à-fait en arrière. Le chapeau tombe. M. Rognolet le découvre à la longue, et ordonne à Passe-Carreau de le ramasser.

Le Maître de Poste, à qui M. Rognolet a demandé un autre cheval, lui en amène un qui a toutes les apparences de la douceur. M. Rognolet s'en approche en le flattant; mais le cheval, très capricieux de son naturel, le repousse et le menace de ruades.

M. Rognolet. Monsieur la Poste, est-ce que vous croyez que je ne vois pas votre finesse? Vous vous entendez TOUS LES TROIS pour me pousser à bout.

Le cheval, comme s'il étoit irrité de ce propos, fait de nouvelles ruades.

M. Rognolet. Ne voilà-t-il pas que votre cheval veut monter sur moi!

Le Maître de Poste. Parlez-lui un peu, et prenez-le par les sentiments : il entendra raison.

Le tailleur flatte le cheval, qui le laisse monter sans résistance, mais ensuite se cabre, et prend le mors aux dents. Après deux ou trois tours de cirque, il jette encore une fois M. Rognolet sur le sable.

M. Rognolet. Je n'en puis plus. Passe-Carreau, mon ami, ôte-moi mes bottes.

Passe-Carreau. Est-ce que vous me prenez pour un tire-botte?

Le valet ôte, non sans peine, les bottes fortes de M. Rognolet, qui reste avec des bottines.

Le Maître de Poste. Tenez, Monsieur Rognolet, vous êtes un brave homme ; voici un autre cheval : je vous réponds de celui-ci.

M. Rognolet. Je ne me fie pas plus à celui-ci qu'à l'autre.

Le cheval, furieux, comme s'il comprenoit ce langage, s'élance sur M. Rognolet, et le poursuit dans toutes les parties du cirque. Le tailleur se réfugie sous son établi. Le cheval y appuie ses pieds de devant, et renverse la table, malgré sa pesanteur. M. Rognolet se sauve dans sa maison. Le cheval le suit, en entrant d'un saut par la fenêtre.

Les enfants furent d'autant plus surpris de la hardiesse du cheval, que la fenêtre, quoique composée de toile peinte, étoit fermée, et que le cheval pouvoit croire qu'il se précipitoit contre un corps solide.

LA JUMENT COQUETTE.

SCÈNE DE CLAUNE.

Jusqu'alors les exercices de voltige avoient fait valoir la légèreté des hommes encore plus que l'adresse, la force et l'intelligence des chevaux.

D'autres animaux parfaitement dressés figurèrent à leur tour comme principaux acteurs. Un d'eux sauta, sans être monté par aucun cavalier, par-dessus plusieurs chevaux, même par-dessus des hommes qui ne craignirent point de s'exposer à ses atteintes, tant ils comptoient sur la précision de ses mouvements. On admira l'intelligence d'un petit cheval nommé Arlequin. Celui-ci, au lieu de franchir un cheval gigantesque placé sur sa route, passa par-dessous son ventre, et prit la fuite, comme s'il eût craint d'être grondé pour cette escobarderie.

La Jument Coquette déploya des prodiges de sagacité. On la vit obéissant aux ordres de son maitre, s'agenouiller, se coucher sur le côté, feindre le sommeil ou la mort, et se relever au premier signal.

Une blanche colombe fut attachée au haut du cirque; M. Franconi feignit de l'abattre d'un coup de pistolet; mais un homme caché coupa la corde qui retenoit le pauvre oiseau. La Jument

Coquette alla chercher le gibier et l'apporta, comme pourroit le faire le chien de chasse le mieux dressé.

On ordonna ensuite à Coquette de désigner la personne la plus jeune de la société. Après avoir fait deux tours elle revint sur ses pas, et s'arrêta devant Mathilde.

Dans l'intervalle, un homme vêtu en paysan, assis aux secondes places, prit la parole en demandant le maître du spectacle. M. Franconi père se présenta.

Tout ce que vous faites là n'est pas malin, dit le rustre; je parie que j'en ferois bien autant. Baillez-moi seulement un bon cheval.

Quelques spectateurs furent scandalisés de cette interruption; mais ils ne tardèrent pas à s'en réjouir en voyant la gaucherie avec laquelle le paysan montoit à cheval. Parvenu sur la selle après beaucoup d'efforts, il fut emmené au galop, malgré ses cris, et faillit vingt fois tomber sous les pieds de l'animal égaré.

Cependant, plus heureux que M. Rognolet, il se maintint sans encombre, s'enhardit peu-à-peu, et, las de se tenir comme tout le monde, les pieds dans l'étrier, il monta lestement sur la selle.

Ce fut alors que tous ceux qui étoient encore dans l'erreur en furent tirés. On reconnut que le faux paysan n'étoit autre qu'un des frères Franconi.

Claune (*), c'est le nom que l'on donne au héros de cette farce, fit tous les tours familiers à

(*) *Claune* est la prononciation exacte du mot anglais *clown*, qui signifie *paysan*, et dérive de *colon*. Nous avons déjà dit que ce spectacle nous avoit été apporté d'Angleterre.

ses confrères, et apprêta ensuite à rire au public d'une façon tout-à-fait imprévue pour ceux qui n'étoient pas encore venus au cirque.

Affublé d'amples vêtements, Claune ôta d'abord sa redingote, puis une première veste, puis une seconde, puis une vingtaine de gilets. Il n'avoit plus, en apparence, sur le corps qu'une grosse chemise et un pantalon. Bien des personnes croyoient qu'il ne lui restoit plus rien à ôter; les mamans fronçoient le sourcil, et trouvoient le costume un peu léger. Quelle fut donc leur surprise en voyant CLAUNE défaire son pantalon, ôter sa chemise elle-même, et se montrer à tous les regards..... avec un élégant costume de soie!

Cette scène ne fut pas celle dont les enfants de M. Belmont furent le moins satisfaits.

Elle fut suivie de la scène des garçons Meuniers. Ces garçons n'ayant pour eux tous qu'un seul cheval y montent tour-à-tour, et en descendent en faisant la culbute. Un Charbonnier veut se mêler de la partie, et garder la monture au-delà du temps fixé par les conventions. Les Meuniers s'en vengent en couvrant le pauvre Charbonnier de farine, et en le rendant tout blanc, de noir qu'il étoit.

Il y eut un entr'acte avant les exercices du Cerf Coco. Mathilde en profita pour se faire expliquer comment la Jument COQUETTE avoit reconnu qu'elle étoit la plus jeune de toutes les personnes présentes.

Il ne faut pas croire, dit M. Belmont, que l'instinct des animaux savants passe une certaine mesure : ils ne connoissent ni l'âge des hommes, ni l'heure indiquée par le cadran d'une montre, ni les points marqués par une carte ou par un dé; ils comprennent seulement un signal que leur maître leur a rendu familier. Le signe convenu leur apprend qu'ils doivent frapper ou gratter la terre avec leurs pieds un certain nombre de fois, ou pour mieux dire jusqu'à ce qu'on leur ordonne de s'arrêter. Coquette, bien certainement, ne pensoit pas à Mathilde quand on lui a commandé de chercher le plus jeune parmi les spectateurs; mais, à un certain mouvement ou geste, imperceptible pour ceux qui ne sont pas initiés, elle a commencé sa course; elle l'a suspendue ensuite, lorsqu'on l'a avertie que sa tâche étoit achevée.

Voilà toute la finesse; mais il n'en est pas moins étonnant que l'on soit parvenu à diriger ainsi la sagacité des animaux, à faire obéir, en dociles automates, des êtres qui sembleroient ne devoir céder qu'aux plus grossières inspirations de la nature.

Le Cerf Coco vous fera voir d'autres prodiges; car il étoit jusqu'ici sans exemple que l'on fût parvenu à vaincre le naturel sauvage et la timidité excessive de ce joli quadrupède.

LE CERF COCO.

Les exercices du Cerf ne furent pas très nombreux, ni d'une longue durée; mais ils excitèrent parmi les spectateurs un étonnement inépuisable.

Docile aux moindres ordres de son instituteur, il alloit et venoit, se couchoit à terre et faisoit le mort. Cet animal, si sujet à s'effroyer, écouta tranquillement des coups de pistolet que son maître tira près de son oreille; il exécuta ponctuellement tous ses ordres, et fit des sauts, ou plutôt des bonds prodigieux, d'abord par-dessus huit hommes, ensuite par-dessus quatre chevaux.

On éleva sur un des côtés du cirque de larges cerceaux garnis de feux d'artifice, et on y mit le feu; et, malgré la vivacité des flammes, le petillement des gerbes, et l'explosion des pétards, Coco franchit intrépidement cette arcade embrasée.

Une autre fois, dit M. Belmont, vous viendrez avec votre mère voir la pantomime de Gérard de Nevers, pièce beaucoup moins remarquable par les coups de théâtre dont elle est remplie, et par le jeu des acteurs et des actrices, que par les rôles importants qu'y jouent des quadrupèdes.

Vous verrez des chevaux danser la gavotte, et même des contre-danses avec une rare précision; vous y verrez une chasse véritable.

Le Cerf Coco, poursuivi par les chiens et par les chasseurs, parcourt les sinuosités des montagnes et des forêts figurées par les décorations ; il arrive au bord d'un précipice ; les chiens vont l'atteindre ; il n'hésite pas, et d'un saut il se met hors de leur portée. Les chiens reculent en frémissant devant cet obstacle qui les sépare de leur proie. Il est vrai qu'ils peuvent au bout de quelques instants rencontrer le Cerf dans les coulisses ; ils lui feroient à coup sûr un mauvais parti, si tout cela n'étoit autre chose qu'un jeu. Gibier, chiens, chevaux, tout a été dressé ; on leur a appris, à force d'art, à imiter ce qui se passe dans la nature.

DIVERS EXERCICES DES ÉLÉPHANTS,
Et Détails sur l'Usage de leur Trompe.

L'ÉLÉPHANT BABA.

La gravure représente, 1° un jeune Éléphant de vingt ans, dessiné avec toute l'exac-
titude possible ; 2° Baba jouant de la vielle organisée ; 3° le même élevant une
planche ; 4° le même débouchant une bouteille de vin ; 5° un Éléphant s'agenouillant
pour faire monter son Cornac ; et la trompe de l'Éléphant vue sous divers aspects.

Vous allez voir maintenant, dit M. Belmont, les prouesses d'un animal qui, dans aucun
temps, ne fut renommé ni par son agilité, ni par l'élégance de ses formes, ni par la gentillesse
de son allure, mais dont la sagacité est passée en proverbe.

L'Éléphant étoit dressé, par les anciens Romains, aux exercices les plus merveilleux, et
dont plusieurs sont à peine croyables. Ælien raconte que, dans une fête publique, un de ces
animaux DANSA SUR LA CORDE avec un équilibre et une adresse qui ravirent tous les spectateurs.

On employa sans doute pour cela le même procédé que vous verrez, un de ces jours, pra-
tiquer à l'égard du Cerf Azor.

Un autre Éléphant avoit été accoutumé à tenir une plume avec sa trompe, et il s'en servoit
avec beaucoup de succès pour tracer des caractères grecs. Il est vrai que, selon toute apparence,
cet animal ne savoit ce qu'il faisoit. Il écrivoit des lettres ou des mots de même que les perro-
quets articulent des sons, et sans en connoître la valeur.

4

Vous trouverez, mes amis, dans les différens abrégés de Buffon, et dans les collections de voyages mis à la portée de la jeunesse, une multitude de traits relatifs à l'instinct admirable des Éléphants. Vous les connoissez déja en partie : je n'ai pas besoin de vous les rappeler. Jouissez donc du spectacle qui va vous être offert, et n'oubliez pas que l'Éléphant doit sur-tout à la conformation merveilleuse de sa trompe une grande partie des prodiges que nous lui voyons opérer.

Cette trompe est un canal creux, divisé longitudinalement par une cloison, comme les narines de l'homme et des animaux. Il ne boit pas positivement avec sa trompe, mais il aspire une certaine quantité d'eau, qu'il peut y conserver très long-temps, jusqu'à ce qu'il juge à propos de la verser dans sa bouche.

L'extrémité de la trompe est garnie de trois muscles délicats qui lui tiennent lieu de doigts, et avec lesquels il peut saisir les corps les plus légers, et ramasser même une épingle à terre, tandis que sa trompe a assez de force pour enlacer et déraciner les troncs des plus gros arbres.

Pour ôter cette fantaisie aux Éléphants qu'on a vus successivement au Jardin des Plantes, il a fallu hérisser de clous aigus les poteaux qui forment la clôture de leur prison. Sans cela, le reclus auroit bientôt, avec sa trompe, renversé des barrières trop foibles pour lui, rendu à la liberté, il pourroit renaître aussi à la férocité, et occasioner des accidents infiniment graves.

Pendant ces explications préliminaires, Baba fit majestueusement son entrée. Un Cornac, vêtu en sauvage, l'accompagnoit; divers écuyers de la troupe de M. Franconi représentoient des personnages accessoires.

On voulut d'abord faire voir que Baba n'est point de ces Éléphants vulgaires qui, pour se désaltérer, remplissent leur trompe dans un seau d'eau, et quelquefois ont la malhonnêteté de rejeter une partie de leur breuvage sur les spectateurs assez mal avisés pour les agacer. On présenta donc à l'intelligent animal une bouteille toute bouchée. Baba se servit fort adroitement de sa trompe pour ôter le bouchon ; puis, saisissant le corps de la bouteille vers le milieu, il la renversa dans son énorme gosier, et en avala d'un trait tout le contenu.

Juste ciel ! s'écria Mathilde, quelle gueule effroyable ! Ah ! si cet Éléphant, en liberté dans son pays, rencontroit un pauvre enfant, comme il le dévoreroit !

Rassure-toi, mon amie, dit M. Belmont ; l'Éléphant est dangereux, sans doute, aux chasseurs qui le provoquent ; il peut les percer avec ses défenses, les écraser ou les étouffer avec sa trompe, enfin les broyer sous ses pieds ; mais il n'attaque jamais les autres animaux, quels qu'ils soient, foibles ou forts, pour se nourrir de leur chair. Des fruits, des feuilles, la tige d'un grand roseau appelé bambou, l'écorce même des arbres, voilà sa nourriture habituelle.

Le Cornac de Baba n'avoit point entendu ce colloque ; mais il acheva de dissiper les frayeurs de Mathilde, en montrant que son animal étoit l'ami des enfants. Une jeune mère, tenant dans ses bras un enfant de trois ou quatre ans, s'approcha de Baba, d'après l'invitation du Cornac. L'Éléphant caressa de sa trompe l'innocente créature, et agita même ses lèvres pour le baiser.

Dieu me préserve d'une pareille embrassade ! dit Amélie ; le seigneur Éléphant est très joli sans doute ; mais sa peau tannée et calleuse m'inspireroit un dégoût invincible.

Le repas de l'Éléphant fut un nouveau sujet de gaieté pour les curieux. On faisoit chèrement payer au pauvre animal une chétive nourriture par la difficulté de l'atteindre. Il falloit qu'il allât chercher dans les poches de son conducteur, ou saisît, au bout d'un crochet, des morceaux de pain, des racines, ou des pommes de terre.

Est-ce que ces pommes de terre sont toutes crues? demanda Mathilde.

Crois-tu donc, répliqua M. Belmont, que dans les forêts des Indes les Éléphants aient des cuisiniers?

C'est vrai, reprit Mathilde; et d'ailleurs j'aurois dû réfléchir que ces pommes de terre, insipides dans l'état naturel, sont peut-être aussi succulentes, pour le palais grossier d'un Éléphant, que peuvent l'être pour nous la tranche d'un bon melon ou une pêche savoureuse.

Je crois cependant, dit Eugène, que Baba ne refuseroit ni les melons ni les pêches.

Sans doute, dit le Cornac, qui avoit entendu ce discours, et vous allez voir avec quelle avidité Baba dévore les pommes.

On apporta une demi-douzaine de mauvaises pommes, toutes ridées, toutes piquées de vers. À cette vue, Baba dressa ses courtes oreilles, et fixa ses yeux petits, mais pleins de feu, sur les gourmandises qu'on lui offroit. Le Cornac, placé sur son cou à la manière indienne, jeta les pommes en l'air l'une après l'autre. Baba ne les laissa point tomber, et les saisit avec une dextérité merveilleuse.

Ce spectacle réjouit fort les enfants.

On voulut faire voir aux spectateurs que Baba étoit, sinon un grand connoisseur en musique, au moins un grand amateur de sons mélodieux. Un orgue de Barbarie, mis en mouvement par un petit Savoyard, joua très juste, ou peu s'en faut, des airs d'une mesure animée, tels que VIVE HENRI IV, avec ses variations, etc. L'Éléphant témoigna, par les frémissements de son corps, par sa démarche cadencée et presque dansante, combien ce concert lui faisoit de plaisir.

On posa l'orgue à terre; le petit Savoyard s'éloigna, et, pendant que le Cornac s'entretenoit avec les spectateurs de l'amphithéâtre, on vit tout-à-coup Baba s'approcher de l'instrument, en tourner la manivelle, et continuer lui-même la sérénade (¹).

Enchanté de cette découverte, le Cornac promit de cultiver les heureuses dispositions de son élève, et assura qu'à l'une des premières représentations il seroit en état de jouer de la vielle organisée en mesure avec la même perfection que l'artiste le plus consommé de nos carrefours.

Cette soirée, dans laquelle MM. Franconi déployèrent tous les trésors de leur industrie (c'étoit, je crois, un spectacle demandé), finit très tard, et cependant beaucoup plus vite que ne l'auroient désiré les enfants de M. Belmont. Ils ne manquèrent pas de lui rappeler en route qu'il avoit promis de leur faire faire connoissance avec le Cerf Azor. M. Belmont étoit un bon père; il étoit ferme et sévère sur l'éducation de ses enfants; il exigeoit impérieusement qu'ils étudiassent dans le temps fixé des leçons que lui-même ou un autre instituteur leur donnoient à apprendre; mais, en revanche, il rendoit leurs innocentes récréations les plus agréables pos-

(¹) Le fait est réellement arrivé.

sibles. Le long de la route, le récit qu'il leur fit d'un jeune Éléphant que l'on avoit dressé, dans l'Indoustan, à se tenir en équilibre sur un disque de bois, en rapprochant ses énormes pieds et contractant son corps, les surprit encore plus que ce qu'ils venoient de voir. L'estampe représente ce tour, d'une adresse incroyable, et dont la chèvre seule paroîtroit capable.

EXERCICES DU CERF COCO ET ASCENSION DU CERF AZOR

Dans le Cirque Olympique et à Tivoli

LE CERF AÉRONAUTE ET LE CERF AZOR.

> La gravure représente sur un fond de paysage le Cerf Coco s'élançant d'un rocher sur
> un autre, et l'intrépide Cerf Azor faisant son ascension. Quatre médaillons offrent,
> 1° M. Franconi tirant deux coups de pistolet entre les bois du Cerf Coco, qui conserve
> la plus parfaite immobilité ; 2° le même Cerf franchissant quatre chevaux, huit
> hommes, et l'arcade embrasée.

Les enfants étoient revenus au cirque de M. Franconi avec des amis de leur âge, et ils n'avoient pas manqué de répéter, en faveur de ceux-ci, les doctes commentaires de M. Belmont, qui, ce jour-là, étoit allé à ses affaires.

Ils avoient revu, à peu de chose près, les mêmes exercices ; mais ils avoient joui de plus de la scène du Cerf aéronaute.

On plaça au centre de la salle, et à la place du grand lustre, un aérostat factice dont le taffetas restoit tendu à l'aide de côtes de baleine ou de fils de laiton. À ce ballon étoit suspendue une nacelle. Le tout pouvoit monter au plafond ou en descendre, au moyen d'une longue corde et d'une poulie.

Le Cerf entra dans la nacelle sans se faire prier, et ne témoigna aucune inquiétude lorsqu'il se sentit élever dans les airs. Jamais ni Blanchard, ni Garnerin, ni mademoiselle sa nièce, ne montrèrent un sang-froid plus héroïque.

Le enfants le croyoient quitte pour cette épreuve. Ayant l'attention fixée sur le Cerf, ils n'avoient pas pris garde que le pauvre quadrupède étoit entouré de pièces et de cordons d'artifice. On y mit le feu, et le valeureux Cerf ne montra pas plus d'émotion qu'auparavant, lorsque des flammèches, partant de tous côtés autour de lui, rejaillirent dans la salle, à peu de distance des spectateurs.

Les enfants, rentrés sous le toit paternel, renouvelèrent avec plus de force leurs instances pour qu'on leur fît voir le Cerf Azor.

L'expérience eut lieu peu de jours après dans les jardins de Tivoli. M. Belmont se procura des billets pour sa famille. La beauté des jardins, les amusements nombreux dont ils sont le théâtre eurent peu d'attrait pour les enfants. C'étoit le Cerf Azor qu'ils étoient avides de voir. Le père, suivant sa coutume, les mit d'abord à-peu-près au courant du spectacle dont ils alloient jouir.

L'art de danser, de sauter, ou de marcher sur les cordes tendues, étoit, leur dit-il, tellement estimé des anciens, qu'Horace compare à cette difficulté celle de créer un bon poëme épique. De nos jours, ce mérite est devenu assez vulgaire. Vous avez vu Forioso, Ravel, madame Saqui, danser sur la corde, y faire des pirouettes et des sauts périlleux avec la même intrépidité que d'autres sauteurs exécuteroient les mêmes tours sur un plancher recouvert d'un tapis; mais, à l'exception de l'Éléphant dont je vous parlai dernièrement, d'après un ancien auteur nommé Ælien, on n'avoit point vu d'animaux le disputer aux plus célèbres funambules. La patience de

M. Franconi père a opéré ce miracle, en surmontant les plus grandes difficultés, après deux ans et demi de travail.

Regardez le théâtre des prouesses du Cerf Azor. C'est une espèce de tour carrée en charpente. Au sommet de la tour est attaché d'abord un gros câble formant un plan incliné, et dont l'extrémité est fixée vers la terre à un cabestan qui sert à tendre fortement la corde. Vous connoîtrez plus tard l'usage de cette partie de l'appareil.

Plusieurs pieds au-dessous sont deux câbles parallèles très rapprochés; ils servent à soutenir, dans toute leur longueur, des planches qui y sont fixées, et forment un plancher uni, mais glissant et mobile (*): c'est sur ce plancher que marchera le Cerf Azor. Comme il pourroit, dans la rapidité de sa course, peut-être même dans sa frayeur, se précipiter de vingt ou trente pieds de haut, il sera retenu par une sorte de parachute.

Telle est la destination du câble que je vous ai montré d'abord. Une sangle, attachée solidement sous le ventre du Cerf, tient à une corde qui glisse sur le câble au moyen d'une poulie. Une figure de Renommée sert à voiler le mécanisme.

Mais déjà, continua M. Belmont, l'augmentation de la foule nous avertit qu'Azor n'est pas loin.

Le Cerf amené par son instituteur fut attaché à son petit équipage. L'instructeur, le flattant du geste et de la voix, l'encouragea à monter.

(*) Voyez, dans le bas de l'encadrement de la planche en regard, la disposition du plancher et des cordes.

Abandonné à lui-même, Azor fournit sans hésiter plus de la moitié de sa carrière. Arrivé aux deux tiers de la corde, il éprouva sans doute un éblouissement subit. Les dames jetèrent un cri d'effroi. Sans le parachute, le pauvre Cerf venoit se briser sur le fond du théâtre; mais il reprit l'équilibre, se raffermit sur son plancher, et parvint au sommet. Là on le tourna en sens contraire, et il descendit avec la même aisance et la même légèreté.

Comment a-t-on fait, demanda Jules, pour accoutumer ce Cerf à gravir ainsi une pente aussi escarpée?

C'est en cela, dit M. Belmont, qu'il faut rendre justice à la sagacité de l'inventeur. Les charpentes de la tour que vous voyez sont percées d'une multitude de trous avec des chevilles de distance en distance. De là résulte que l'on peut, à volonté, hausser ou baisser la plate-forme, et par conséquent donner aux câbles tel degré d'obliquité que l'on veut. Il est probable que dans les commencements on aura fait marcher Azor terre à terre, c'est-à-dire, presque de niveau avec le sol. Ensuite on a exhaussé le plancher progressivement d'un, deux, trois ou quatre pieds, jusqu'à ce qu'il se soit trouvé assez exercé pour faire l'expérience à la hauteur que vous voyez.

Ce spectacle n'eut, aux yeux des enfants émerveillés, d'autre inconvénient que d'être d'une trop courte durée. Des personnes de la plus haute distinction, et des étrangers, revêtus de toutes les décorations connues en Europe, partagèrent l'admiration générale.

Spectacle frivole, dira-t-on, et bien inférieur aux leçons instructives que fournit la scène dramatique!

On pourroit faire à cette objection plus d'une réponse victorieuse; nous nous bornerons à cette maxime tirée de l'immortel fabuliste :

Il n'est rien d'inutile aux personnes de sens.

Et d'ailleurs, en admirant les conquêtes de l'homme sur le naturel sauvage des animaux, nous parvenons à apprécier la dignité de notre être, nous nous élevons au-dessus de ces foiblesses et de ces appétits grossiers qui tendent à ravaler l'homme au-dessous de la brute.

LE CHEVAL AÉRONAUTE.

La gravure représente l'ascension de M. Testu-Brissy, à Meudon.

Encore une ascension! dit avec un peu d'humeur M. Belmont en lisant son journal, le lende-main de la représentation de M. Franconi. Il y en aura donc deux cette année, dit à son tour Eugène (en achevant de découper dans une carte le Cerf Coco, transformé en aéronaute)? Ce n'est pas de celle du mois de mai que je parle, reprit son père, mais d'une annoncée pour le Tivoli d'été. — Je t'en prie, Papa, conte-nous donc ce que c'est que ces ascensions, ces ballons, ces globes, ces aéronautes, et pourquoi tu n'aimes pas ceux de Tivoli?

Parceque ce sont, mon ami, des enfants dégénérés de leur père.

Ah! j'entends: les autres ballons étoient gros, gros comme des maisons! — Tu penses donc que la grandeur fait le mérite? — Mais je crois, Papa, qu'elle y contribue, et il me semble que, si je puis un jour devenir aussi grand et aussi gros que notre cousin l'avocat, et avoir, comme lui, une grosse voix, j'en vaudrai bien un autre. — C'est son jugement et sa science que tu dois désirer d'égaler un jour, mon cher Eugène, et non pas sa taille et sa voix. Mais revenons à nos ballons, lesquels ont éprouvé le sort de toutes les découvertes humaines, dont les essais et les inventeurs restent dans l'oubli, tandis que leurs successeurs, plus heureux ou plus hardis, les effacent.

Le Cheval Arégnaute

Car l'homme ne réfléchit point que c'est le génie qui invente, et qu'il ne faut que de la patience et de l'esprit pour perfectionner. — Papa, il y a donc bien loin de l'esprit au génie? — Aussi loin, mon ami, que de la patience à la bonté; la patience n'est qu'une vertu factice; et la bonté, la plus excellente qualité du cœur humain, est en entier due à la nature.

L'esprit humain, audacieux dans ses recherches autant que hardi dans ses entreprises, depuis la tentative de Dédale, de fabuleuse mémoire, a plusieurs fois essayé de s'élever dans l'air : les Actes des Apôtres disent que Simon le magicien s'éleva devant le peuple romain; d'autres, depuis, l'essayèrent; et ce fou de Bagneville y eut peut-être réussi, il y a soixante ans, si la cupidité n'eût secondé la mauvaise foi, et si les ailes qu'il s'étoit adaptées ne lui eussent manqué au tiers de la rivière, où des bateaux de foin le préservèrent de la mort, mais non de blessures dangereuses. Et il me paroit que c'est aux suites fâcheuses de tant d'essais infructueux que l'on doit des moyens moins hasardeux de dérober aux oiseaux une partie de leur empire. — Mais, Papa, interrompit Eugène, qu'avoit donc projeté ce monsieur fou, dont vous parliez tout-à-l'heure? et pourquoi ses ailes lui jouèrent-elles un si mauvais tour? — Le projet du monsieur fou n'étoit peut-être pas si fou que l'événement l'a fait croire; il avoit parié de traverser la Seine, en partant de sa maison, qui formoit l'angle de la rue des Saints-Pères et du quai. Il étoit fort riche: les paris furent immenses; et sa demi-réussite a fait croire que, pour s'assurer ces paris, l'on séduisit les ouvriers fabricateurs des ailes, qui ne donnèrent à leurs ressorts qu'une partie de la force nécessaire. — Oh! mon Dieu! les vilains, dit Amélie; et si le fou se fût tué? — Tu as raison, ma fille, dit M. Belmont en l'embrassant, pense toujours ainsi, et mesure toujours le mérite d'une entreprise par les dangers qu'elle peut éviter à l'humanité.

Mon Papa, dit l'aînée, l'on ignore donc le temps de l'invention des aérostats? — Ma chère, ces machines ingénieuses furent inventées, il y a un peu plus de trente ans, par MM. Montgolfier, propriétaires d'une manufacture de papier à Annonay.

Elles eurent d'abord une forme différente, ainsi qu'un autre moteur, quoiqu'il partît du même principe (la dilatation de l'air dans l'intérieur d'une machine, ce qui, la rendant plus légère que l'air atmosphérique, facilite ainsi son ascension); mais le moteur des Montgolfières étoit un feu de paille allumé dans l'intérieur d'un sphéroïde de toile, dont la forme générale ne ressembloit pas mal à un œuf dont le petit bout tourné vers la terre seroit ouvert.

La première expérience digne d'attention eut lieu au château de la Muette, à l'entrée du bois de Boulogne. Tout ce que la cour et la ville avoient de grand ou d'instruit y assistoit, et partageoit son attention entre le courageux Pilâtre des Rosiers, qui devoit monter dans la machine (laquelle paroissoit comme une tour de vingt-cinq pieds de diamètre sur trente de haut, placée dans le centre du parterre), et le célèbre Benjamin Franklin, qui, après avoir, en Amérique, comme un nouveau Prométhée, dérobé la foudre, avoit quitté sa retraite de Passy pour applaudir, à quatre-vingts ans, à la prise de possession du ciel.

Jamais spectacle plus beau ni plus grand n'avoit jusqu'alors frappé la vue de l'homme, et, lorsque la vaste machine, après une légère oscillation, s'éleva lentement dans les airs avec majesté, des applaudissements unanimes, et pendant long-temps répétés, des souhaits de bonheur et de gloire accompagnèrent les intrépides voyageurs aériens : bientôt l'éloignement empêcha de les distinguer; et ils firent l'entretien de Paris pendant le reste de la journée.

Hélas! cette gloire passagère devint bien funeste au jeune physicien. Il crut, quelque temps après, pouvoir maîtriser un élément qu'il connoissoit à peine; il voulut, en profitant d'un vent favorable, traverser le bras de mer qu'on appelle LE PAS DE CALAIS, et passer de Boulogne en Angleterre. Il partit. Quelques minutes après, l'infortuné, précipité par un vent contraire, trouva la mort sur cette même plage d'où il comptoit s'élever à l'immortalité.

Fit-on, mon ami, demanda madame Belmont à son mari, quelque chose pour éterniser ce dévouement scientifique? — Il fut, ma chère amie, pleuré par deux ou trois parents, regretté par ses créanciers, et, au bout de huit jours, oublié par ceux-mêmes qui, dans le premier moment, ne parloient que de pyramides et de médailles consacrées à sa gloire.

Presqu'à la même époque, un Français donnoit à la cour d'Espagne l'intéressant spectacle de cette nouvelle découverte; le combustible, aliment de son élévation, lui manqua tandis que les vents le retenoient encore au-dessus des maisons de la ville; et sa chute accélérée sur les couvertures des édifices ne lui laissa d'entier que le courage. — Madame Belmont : Il en mourut? — Non, il vit encore.

Ces sinistres aventures, et quelques Montgolfières brûlées, n'en dégoûtèrent cependant pas; mais elles firent inventer les parachutes. Le premier fut essayé à Versailles, devant le Roi, avec quelques animaux qui n'avoient été que culbutés : on chercha à le perfectionner. Pendant ce temps, la chimie recherchoit en silence les propriétés des gaz.

Deux jeunes physiciens s'emparèrent de ses résultats, et soudain, comme on voit au printemps le papillon, revêtu d'une éclatante parure, s'élancer dans l'air, son nouveau domaine, en dépouillant la triste enveloppe de la chrysalide; ainsi s'éloigna de la terre le ballon de taffetas gommé, rempli d'air inflammable, et soutenant un char léger et brillant. L'aéronaute, commodément assis, parut un triomphateur parcourant ses vastes domaines. Il échappa au travail continuel et pénible d'entretenir un feu dont l'extinction pour lui, comme, autrefois à Rome, pour la vestale, devenoit l'arrêt de mort, et sortit de la prison où, sans être vu, et voyant mal, il étoit le jouet d'un vent dont il connoissoit à peine la direction.

Bientôt le parterre des Tuileries vit s'élever de son centre les nouveaux voyageurs, aux applaudissements d'une foule immense qui ne pouvoit concevoir comment une aussi frele machine pouvoit excuser tant d'audace : le succès de Charles et Robert dans cette heureuse tentative fut un pas immense fait dans la carrière sans bornes de l'espérance, et pendant quelques années l'on se crut certain de parvenir à naviguer dans l'air en maitrisant les vents, et dirigeant à son gré sa nacelle dans un océan sans rivages.

Rebutés d'expériences inutiles que mille essais infructueux n'avoient pu seconder, les savants abandonnèrent les aérostats, dont des hommes aventureux s'emparèrent aussitôt ; les uns parcoururent les différentes cours de l'Europe, comme on voit le propriétaire d'un géant ou d'un nain aller de ville en ville y afficher son tableau, et spéculer sur la curiosité publique ; d'autres, dans ces tournées qu'eux seuls traitoient de scientifiques, se formoient un cabinet de bagues et de tabatières d'or, que l'orgueil des grands prodigue avec un sourire dédaigneux, sans négliger toutefois de recueillir le denier de la veuve ; d'autres, paroissant considérer l'art de s'élever en ballon comme le patrimoine de leur famille, destinent et exercent leurs enfants à ce batelage lucratif.

Pendant ce temps, un véritable savant, élève de Charles, méditoit sur la puissance de l'air sur nos organes; et, non moins excellent écuyer que physicien instruit, il voulut connoître jusqu'à quel point les animaux pouvoient supporter, comparativement à l'homme, la raréfaction de l'air atmosphérique. Pour cette intéressante expérience il s'associa (s'il est permis de s'exprimer ainsi) le même cheval sur lequel, quelques années auparavant, il avoit parcouru au galop toute la longueur de l'aquéduc d'Arcueil, en suivant la pierre bombée qui en forme l'étroite couverture; et sur ce même cheval il fit hors de Paris, à Bellevue, au milieu d'un petit nombre de véritables amateurs, cette expérience qu'on peut nommer l'APOTHÉOSE DU CHEVAL INSTRUIT A SOUMETTRE TOUTES SES VOLONTÉS ET SA CONFIANCE ABSOLUE DANS SON MAÎTRE, DEVENU SON AMI.

Je suis loin, mes enfants, de chercher à diminuer ici le mérite des soins industrieux (qu'à l'imitation des sieurs Astley) ont mis MM. Franconi à dresser leurs chevaux à des exercices où l'habileté des maîtres a le rare avantage de laisser briller en entier le talent acquis de leurs robustes élèves.

La carrière entr'ouverte par Testu-Brissy n'a point eu d'imitateurs, et vraisemblablement n'en aura point. Le but du savant fut atteint; il acquit la certitude qu'à un degré d'élévation, dont il n'étoit nullement incommodé, le sang des grands quadrupèdes, apparemment moins fluide que celui de l'homme, s'extravasoit dans leurs artères tuméfiées, et couloit par le nez et les oreilles. Content d'avoir pris la nature sur le fait, il redescendit de la hauteur considérable à laquelle il s'étoit élevé, et, après en avoir rendu compte à l'Institut avec une modeste simplicité, il eût peut-être oublié lui-même son expérience, si les observations météorologiques qu'il eut occasion de faire dans cette ASCENSION ÉQUESTRE ne la lui eussent rappelée sans cesse avec les moyens qu'il croyoit propres à utiliser véritablement ses aérostats, en se dirigeant même contre le vent.

Mon ami, dit alors madame Belmont, ne lui arriva-t-il nul accident fâcheux pendant cette expérience hasardeuse, où sa vie, déjà compromise par l'inconstance de l'élément auquel il s'étoit abandonné, dépendoit encore des impressions physiques ou morales que son associé (comme vous l'avez appelé vous-même) pouvoit recevoir de ce voyage périlleux, auquel il ne pouvoit avoir été familiarisé par de fréquentes expériences, comme le Cerf Azor, que M. Franconi père a passé deux ans à dresser à monter sur son plan incliné?

Aussi Brissy m'a-t-il répété plusieurs fois, répliqua M. Belmont, que c'étoit constamment de son cheval qu'il s'étoit occupé, lorsque, obligé de changer la forme de son aérostat, à cause de l'étendue nécessaire et de la solidité qu'exigeoit un cheval d'une taille moyenne pour se tenir sans frayeur, et sur-tout sans éprouver d'oscillations sur un plancher mobile et suspendu.

Vous l'avez donc connu ce M. Brissy, demanda à son mari madame Belmont? — Sans doute; et vous aussi, ma chère amie. — Quoi! seroit-ce ce grand jeune homme d'une assez jolie figure, et d'un maintien si indolent, que nous rencontrâmes un jour aux boulevards Neufs, et dont vous me dîtes que cette mine efféminée cachoit l'ame la plus courageuse? — Lui-même; et Brissy, à quarante ans, n'en paroissoit pas trente. — Vit-il encore? — Non: il est mort en Espagne il y a quelques années. Mais voici la figure de son ballon, appropriée, comme vous le voyez, au fardeau qu'il devoit soutenir. Ici l'œil saisit et conçoit tout; les explications seroient au moins superflues (et il leur montroit le CHEVAL AÉRONAUTE). Bon Dieu! Papa, s'écria Eugène; il devoit avoir bien froid, car il semble qu'il faisoit un grand vent. La journée fut presque nébuleuse, reprit M. Belmont; mais ce qui nuisit à la curiosité publique devint favorable aux observations du savant; car, lorsqu'élevé à une assez grande hauteur, il observoit avec la plus grande attention les impressions que recevoit son cheval, il se trouva subitement enveloppé d'une brume épaisse d'une odeur sulphureuse, qu'heureusement il laissa promptement au-dessous de lui. Il entendit le bruit de la foudre, et la nue qu'il venoit de traverser se sillonnoit d'éclairs pâles et de peu de durée; monté plus haut encore, les nues amoncelées qui lui cachoient le soleil s'entr'ouvrirent un moment, comme si cet astre eût voulu couronner d'un rayon de sa gloire l'intrépide physicien et le CHEVAL AÉRONAUTE.

PETIT TRAITÉ
DE LA MANIÈRE DE PRENDRE LES OISEAUX.

§. I. LA CHASSE AUX ALOUETTES, ET LA VACHE ARTIFICIELLE.

La gravure, outre la représentation de ces deux manières de prendre du gibier, offre les principaux oiseaux qu'on y prend, les appeaux, les nœuds coulants, et les piéges utiles dans des chasses plus faciles.

Monsieur Belmont et toute sa famille étoient venus passer quelques jours au château de ***, à quelques lieues de Paris. Un de ses amis intimes venoit d'acquérir par héritage la possession de ce magnifique séjour.

C'étoit le temps des vacances et des vendanges, époque chérie des hommes de loi et des étudiants.

Jules et Auguste, les deux fils du nouveau propriétaire, M. de Saint-Firmin, dont l'un venoit de finir son année de troisième, et l'autre son cours de rhétorique, cherchoient à offrir à Mathilde et Amélie, leurs aimables cousines, tous les divertissements imaginables. Eugène seul se trouvoit un peu délaissé par eux, et le pauvre petit n'auroit guère passé le temps

LA VACHE ARTIFICIELLE.
LE FILET AUX ALLOUETTES.

agréablement, sans une sarbacane de cristal avec laquelle il faisoit la guerre aux petits oiseaux. Mais, soit que ses boules de terre glaise fussent trop molles, soit que son SOUFFLE ne fût pas assez fort, il n'en attrapa aucun. M. de Saint-Firmin fit à ses deux enfants la recommandation de s'occuper un peu plus d'Eugène, qui, pour se consoler, fréquentoit l'office et le buffet, où les bonnes et les domestiques l'indemnisoient à l'envi de l'abandon où le mettoient ses cousins, et même ses sœurs.

Jules et Auguste promirent à Eugène de lui faire connoître une chasse où l'on prend quelquefois des oiseaux par douzaine, et qui exige beaucoup d'apprêts et d'intelligence; mais, comme elle demande également de l'isolement et du silence, on convint qu'on n'y emmèneroit pas Amélie et Mathilde. Le lendemain fut fixé pour l'exécuter; mais, hélas! il étoit écrit que le pauvre Eugène n'auroit pas sitôt le plaisir que lui avoient promis ses cousins. Il plut à torrents pendant toute la journée que l'on avoit choisie. Toute la société fut donc obligée de garder la maison. Quel malheur! s'écrioit Eugène, s'adressant à son père; sans cette maudite pluie, qui va peut-être nous confiner pour deux jours au logis, mes cousins et moi, nous vous aurions peut-être rapporté bien du gibier. Rassurez-vous, dit M. Belmont en s'adressant à Eugène et à ses neveux; la pluie est violente, mais elle sera de peu de durée. Demain peut-être il fera beau; mais, puisque vous ne pouvez chasser, parlons un peu de la chasse. Je n'ai pas toujours été aussi sédentaire que vous me voyez, mes bons amis. Pendant quinze ans j'ai été comme NEMROD, un fort chasseur devant le Seigneur. En vérité, mon ami, dit madame Belmont, je ne vous aurois jamais cru cette passion dévastatrice, et j'ai peine à concevoir comment l'un des hommes les plus humains et le plus doux a pu prendre le cruel plaisir de donner la mort à de timides oiseaux...

Aussi en ai-je ASSASSINÉ fort peu, interrompit M. Belmont; mais j'avoue que mon adresse et ma patience ont bien souvent ravi la liberté à plusieurs; et, comme les militaires retirés du service racontent avec plaisir les siéges et les combats où ils se sont signalés, il doit être permis à un chasseur émérite de parler avec quelque satisfaction de ce qui fit long-temps ses délices.

Toute la famille s'approcha du fauteuil de M. Belmont, qui reprit la parole en ces termes :

Le goût de la chasse, cette image de la guerre, est naturel à l'homme; mais chez l'homme sauvage il est excusé par le besoin, tandis que chez l'homme policé il dégénère souvent en un plaisir barbare. Le droit de chasse a été long-temps en France un privilége des familles nobles ou riches; mais, avec les aliénations et les concessions, il s'étendit à beaucoup de particuliers. Les braconniers contre lesquels on rendit autrefois des lois trop sévères, d'audacieux qu'ils étoient, devinrent inventifs, et les lacets, les piéges et la glue détruisirent plus de gibier en une année que le fusil n'auroit pu faire en dix.

La chasse AUX PIÉGES a été long-temps ma passion favorite, et c'est d'elle que je veux vous entretenir.

Un bon oiseleur doit être muni d'une serpette, d'un canif à deux lames, d'un couteau camard, d'un eustache, d'une masse à pic, dont un côté sert de marteau, et l'autre de pioche, d'un perçoir, d'une genouillère comme en ont les ramonneurs, d'un morceau de cuir, d'écorce de cerisier, de toile cirée, pour envelopper les gluaux, et d'une boîte de fer blanc. Voici des gravures qui vous le feront juger.

Il est bon qu'un oiseleur connoisse différentes sortes de nœuds, le nœud coulant simple (fig. 7 de la gravure), le double (fig. 5), le nœud en chaînette, parcequ'il semble former les anneaux d'une chaîne, le nœud ordinaire (fig. 13), et le nœud fixe (fig. 15).

Papa, dit Mathilde, je connois tous les nœuds possibles; mais qu'est-ce que des appeaux? On ne mange pas ici une pêche, que mon cousin Auguste n'en retienne le noyau pour en faire un appeau.

Ma chère, reprit M. Belmont, un APPEAU sert à APPELER, à attirer les oiseaux. On excite, en soufflant sur une machine quelconque, un bruit qui imite, ou le cri de quelque oiseau, ou son vol, ou le CHOUCATEMENT de la chouette, ou des sons qui provoquent la curiosité des oiseaux; c'est ce qu'on appelle FROUER. La feuille de lierre (fig. 16), percée d'un trou carré dans le milieu, offre le plus usité et le plus commode des appeaux.

Il y en a de plusieurs espèces : ceux faits avec des noyaux usés et troués des deux côtés; ceux en métal, en forme de bouton, plats d'un côté et convexes de l'autre; ceux à tube (fig. 1), la feuille de lierre (fig. 16); mais voici qui te les fera mieux connoître : M. Belmont prit des mains de Jules un appeau d'alouettes en cuivre, et imita parfaitement le chant de cet oiseau : et tous les enfants d'admirer, et Eugène de s'écrier, dans un transport de joie : Ah! mon bon Papa, permets-moi de jouer aussi de cet instrument. — Volontiers, mon ami. — Et Eugène de souffler de toutes ses forces dans le petit tube. L'appeau rendit un son si aigre, que M. Belmont se boucha les oreilles; Amélie et Mathilde rirent aux éclats; les joues d'Eugène se couvrirent du plus vif incarnat; et M. Belmont continua :

Puisque vous savez à présent, mes amis, ce que c'est qu'un appeau, je vais vous parler de la chasse aux alouettes; le premier appeau est un miroir, ou plutôt plusieurs petits miroirs réunis, disposés sur un plateau circulaire et un peu bombé (fig. 8), qu'on fait tourner sans cesse, soit qu'on tire avec la main un fil roulé sur une bobine attachée à son pivot, soit qu'on y adapte un mouvement du genre de ceux des tournebroches (fig. 12); viennent ensuite les nappes ou filets, dont la longueur ordinaire est de huit pieds : et la distance entre chaque nappe est égale à la largeur des deux, afin qu'en se fermant le terrain sur lequel tombe la machine soit tout-à-fait enveloppé : des bâtons, montés sur des charnières, servent à les tendre, et se nomment guides; et d'autres cordes, fixées à des piquets, servent à les fermer lorsque les oiseaux, rassemblés près du miroir, mangent le grain répandu sur la terre, ou jasent avec la moquette. — Qu'est-ce, mon Papa, qu'une moquette qui jase? — C'est, mon fils, une alouette vivante, attachée à un petit ressort qu'on appelle paumille; et la conversation qu'elle tient avec les survenantes est un langage d'alouette. — Vous l'entendiez donc? Papa. — Pas trop bien, je l'avoue, dit M. Belmont; mais, à coup sûr, elles s'entendent. Le chasseur, caché à quelques pas par des branchages ajustés, ou derrière un buisson, tire à deux mains les cordes motrices; le filet tombe, et les alouettes sont prises (voyez la gravure).

Ah! la jolie invention! s'écrièrent à-la-fois tous les enfants; quel plaisir de voir ce miroir tourner sans cesse, et ces filets qui semblent tomber d'eux-mêmes sur les petits traineurs.

Papa, dit l'aînée, c'est donc d'une semblable machine que La Fontaine a dit :

       Un manant au miroir prenoit des oisillons.

Précisément, ma chère. Mon dieu ! je voudrois bien en voir un, dit la cadette. Et moi, je la ferois tourner sans cesse, ajouta Eugène. Hé bien ! mes amis, dit M. Belmont, si pendant huit jours vous ne donnez aucuns sujets de mécontentement à votre Maman, je vous promets de vous faire assister à une de ces chasses. Il faut voir de tout, et je sens que le souvenir ne m'en sera pas indifférent.

Il est encore d'autres sortes de filets : ceux qu'on appelle la ridée, le traineau, la tirasse, le raffle, et le hallier ou tramail ; et chacun d'eux a son objet particulier et ses moyens propres.

On parvient à tromper le gibier le plus défiant par diverses subtilités. Tantôt c'est une hutte portative, imitant un buisson de six pieds de haut, dans laquelle le chasseur caché s'approche lentement de la perdrix qu'il veut surprendre, et la tire ainsi presqu'à bout portant.

Tantôt c'est à l'aide d'une vache artificielle dont la construction ingénieuse se divise en deux parties, que les oies sauvages, les canards, les plongeons, et les bécasses se laissent approcher sans se douter du sort qui les attend (voyez la gravure).

Mon ami, dit madame Belmont à son mari, je conçois difficilement qu'un homme puisse faire mouvoir avec facilité une machine comme cette vache. — Ta réflexion, ma chère amie, est juste ; mais voici ce qui rend ce stratagème possible, et son image gravée va t'en convaincre ; ce simulacre de vache, monté sur des cerceaux légers, n'est composé que de toile et de carton peint; la tête et le cou, séparés du reste du corps, servent au chasseur de CAMAIL. Il passe son fusil à travers un des yeux de la fausse vache, et ajuste commodément son coup. La partie postérieure, suspendue à ses épaules par des bretelles, se traîne à sa suite sans difficulté, tandis qu'un pantalon de même couleur que la vache représente assez bien les jambes de devant de l'animal.

Parlons maintenant du collet à piquet, le piége le plus connu et le plus usité, si fatal aux grives et aux merles, sur-tout pendant l'hiver. Les fig. 5 et 7 de la gravure en donnent une idée exacte. Pour bien faire un collet, on prend quatre crins blancs d'un pied et demi de long à-peu-près; on met les extrémités supérieures de deux crins avec les inférieures de deux autres, qu'on noue dans le milieu d'un nœud simple. Ces crins doivent être tors en manière de corde, de façon que, quand le nœud fixe est fait, ils ne se détordent plus. Un oiseleur construit quelquefois jusqu'à deux mille collets.

On appelle collets pendus ceux qui sont représentés dans la fig. 6. Un collet qui se pratique beaucoup en Lorraine est celui représenté fig. 2. On fait dans une branche d'arbre deux fentes, dans chacune desquelles on fiche l'extrémité d'une baguette, à laquelle on fait prendre une forme demi-circulaire. Cette baguette sert d'attache au collet, qui, lorsqu'on chasse aux petits oiseaux, ne doit être distant que d'un demi-pouce de l'endroit où ils se perchent.

La figure 14 offre une tuile percée d'un trou où passent quatre fils de fer de moyenne grosseur, et longs d'un pied; on les tord, et on en courbe les quatre extrémités, à chacune desquelles on attache solidement un collet de six ou huit crins. On garnit de terre glaise le dessus de la tuile, on y sème du blé cuit, et l'on répand aussi autour du piége quelques grains qui servent d'amorce. Il faut que la tuile soit au moins recouverte de quatre pouces d'eau ; et on y prend des canards, des morelles, des plongeons, etc., etc.

La figure 3 offre une chasse très usitée dans la Lorraine, dans la Bourgogne, et dans l'Auvergne. Ce piége est composé de deux pièces de bois dont l'une entre dans l'autre. Une petite ficelle passe deux fois de part en part dans les deux bâtons, et, si quelque oiseau vient se poser sur la machine entr'ouverte, l'oiseleur tire la ficelle, et l'oiseau est pris par les pattes. Pour réussir à cette chasse il ne faut contrefaire que le CHOUCHEMENT de la chouette, les cris des oisillons pris, et de ceux qui viennent à leur secours.

Un des plus anciens piéges à ressort qu'on connoisse est celui représenté figure 4, et nommé BAGUETTE OU REJET. Il est tendu. Il se fait d'un bâton souple, long de trois à trois pieds et demi, auquel on donne cette courbure. Son extrémité, ainsi que celle de la baguette de soutien, fichée en terre et passée dans la ficelle, sont taillées en pointe pour empêcher les oiseaux de s'y reposer. Une ficelle double, et qui passe à travers un trou rond fait au gros bout, assujettit un petit bâton nommé MARCHETTE, et est tendue par ce petit bâton, que le moindre contact fait tomber. Les pattes de l'oiseau se trouvent prises par l'anneau de la corde, qui étoit disposée en rond sur la marchette.

L'inspection du collet à ressort (fig. 12) suffit pour le faire connoître.

La figure 19 est celle du rejet détendu.

La figure 9 est une pince tendue, faite d'un gros fil de fer.

La figure 18 est celle d'un trébuchet détendu.

La figure 10 est celle d'une mésangette tendue. Ce piége est si connu que je n'en ferai point la description.

La figure 17 représente l'échafaudage de petits bâtons, employé pour soutenir la tuile que l'on élève au-dessus d'une fossette de quatre à cinq pouces de profondeur sur douze de long et six ou sept de large. On met dans ces fossettes du chénevis, du blé, ou des baies de genièvre.

LES APPRÊTS DE LA PIPÉE
Et les principaux oiseaux qu'on y prend.

§. II. LA PIPÉE.

La gravure représente un arbre disposé pour la Pipée dont la cime est touffue, à l'exception de deux branches qu'on a étêtées pour y prendre les corbeaux, les pies, les chouettes, etc. Les branches inférieures sont dégarnies. Au bas du tronc de l'arbre est la loge où se trouve le Pipeur. Aux deux côtés de la gravure, et sous un filet, sont les principaux oiseaux qui se prennent à la Pipée. Au-dessous de ces oiseaux sont le hibou et la chouette, qui inspirent à tous les oiseaux qui se branchent une antipathie à laquelle on doit les agréments de la Pipée.

Les enfants de M. de Saint-Firmin et ceux de M. Belmont ne manquèrent pas d'essayer, dès le lendemain, de mettre en pratique les leçons qu'ils avoient reçues la veille.

Madame Belmont avoit expressément recommandé de ne faire aucun usage des piéges qui coûtent nécessairement la vie aux pauvres oiseaux qui s'y prennent. Mathilde et Amélie se pourvurent en conséquence d'une large cage pour renfermer les prisonniers de guerre. Elles avoient porté leur prévoyance encore plus loin. La cage renfermoit des sacs de toutes les espèces de graines propres aux différentes espèces de volatiles granivores.

Eugène s'étoit chargé de pains de pavot, d'œufs de fourmi et de vers de farine, pour le cas où l'on auroit le bonheur d'attraper des fauvettes ou des rossignols.

Tous ces apprêts furent en grande partie inutiles. Ce n'étoit pas que les enfants manquassent d'adresse, ni que leurs piéges fussent mal construits, mais les jeunes chasseurs, par leur impatience, par leur précipitation, effrayoient le gibier long-temps avant qu'il fût à la portée des piéges. Un petit chardonneret et deux moineaux francs, pris avec des gluaux, furent tout le fruit de leur chasse. Encore Mathilde, à qui l'on avoit fait hommage du chardonneret, lui donna la volée, parceque M. Jules avoit proposé d'en faire un GALÉRIEN, c'est-à-dire, de l'attacher à une chaîne, et de ne lui laisser manger d'autre grain, ni prendre d'autre breuvage, que ceux qu'il auroit tirés péniblement dans des seaux suspendus aux deux extrémités de sa chaîne.

Une chasse plus intéressante avoit été arrangée par le propriétaire du château et par ses amis des environs : c'étoit une grande pipée dans le parc. On se proposoit d'y prendre une multitude de grives attirées par les vignobles du pays.

Pendant que l'on disposoit la hutte du PIPEUR au centre d'un taillis épais, les enfants, toujours infatigables, se promenèrent avec leurs parents et leurs amis. Un jeune chasseur, armé d'un fusil à deux coups, faisoit partie de la bande joyeuse. Eugène, Jules et Auguste le pressèrent plusieurs fois de faire preuve de son adresse sur des pies qui se montroient fréquemment deux à deux le long de la route, et s'enfuyoient d'arbre en arbre. M. de Saint-Romain (c'est le nom du chasseur) s'y refusa, disant que la charge de son fusil ne pouvoit atteindre que de très foibles volatiles.

Ah! si cela est ainsi, s'écria Jules tout-a-coup, vous voilà servi à souhait. Tenez, j'aperçois un serin qui, sans doute, s'est échappé de quelque maison voisine..... Couchez-le en joue.

Fi donc! s'écrièrent à-la-fois madame Belmont et les jeunes filles : tirer un pauvre serin!

c'est une cruauté sans exemple ! Réservez votre plomb meurtrier pour des animaux sauvages.

L'impitoyable Saint-Romain n'écoute pas ces discours ; il guette le moment où le foible canari, harassé de son vol, se repose sur un buisson, le couche en joue, et fait feu !…

Quelle fut la surprise des spectateurs de voir sortir du fusil, avec le feu et la fumée, une espèce de jet d'eau qui arrosa à une longue distance le joli serin, imbiba toutes ses plumes, et le mit hors d'état de voler. Obligé de déguerpir de son buisson, le canari courut à terre, et se réfugia dans la robe d'Amélie, qui lui prodigua toutes sortes de caresses, le réchauffa dans son sein, et ne le mit pas dans la cage, de peur qu'il ne fût maltraité par les moineaux.

M. Belmont n'avoit pas décrit aux enfants cette manière peu connue de prendre les oiseaux vivants sans endommager leur plumage. Je me rappelle, dit-il, avoir vu cette méthode dans les Voyages de Le Vaillant, qui s'en dit l'inventeur.

C'est précisément à cette source que j'ai puisé, dit M. de Saint-Romain ; et voici ma recette :

Je mets dans mon fusil la mesure ordinaire, sans plomb ; j'y coule ensuite un petit bout de chandelle épais de cinq ou six lignes ; je le bourre avec la baguette, afin qu'il s'adapte exactement au calibre ; je remplis ensuite le canon jusqu'à la bouche avec de l'eau ; et, jusqu'au moment de tirer, je ferme l'ouverture avec un bouchon de liége. Vous avez vu que l'eau, poussée avec violence par la poudre, franchit une distance considérable : le suif, qui n'a pas la même pesanteur, s'arrête en route. J'étois bien loin de m'attendre, continua le chasseur, à un pareil succès. Je guettois un chardonneret, c'est un serin qui s'est présenté.

Le soir on s'occupa de la pipée.

L'arbre choisi pour établir la loge étoit dans une clairière à quatre-vingts pas des autres, et ne surpassoit que de moitié la hauteur du taillis. La cime de l'arbre avoit été dégarnie de ses branches, de peur que les oiseaux ne s'y reposassent, au lieu de s'abattre sur les branches inférieures qui étoient tendues de gluaux.

Toutes les personnes de la société, excepté M. de Saint-Romain, se tinrent à l'écart. Le pipeur, caché dans sa loge, se mit à imiter avec sa feuille de lierre le CHOUCHEMENT de la chouette; il ne contrefit ces sons aigres que pendant deux ou trois minutes; il y fit succéder l'imitation des chants du geai, du merle, et du pinçon. Les oiseaux du voisinage, s'imaginant qu'une chouette avoit été prise au dépourvu par leurs camarades pendant le jour, où cet oiseau nocturne n'a aucune force, s'avancèrent de toutes parts, afin de lui faire la guerre; mais ils se prirent sur les gluaux, et, par leurs cris, attirèrent de nouvelles victimes.

Les grives, les merles, et les geais tombèrent en abondance au pouvoir des chasseurs.

Amélie et Mathilde retinrent un oiseau de chaque espèce, pour les mettre en volière, et en faire des ANIMAUX SAVANTS.

M. Belmont applaudit à cette bonne intention, mais observa que malheureusement le projet étoit impraticable. C'est dans la plus tendre enfance qu'il faut commencer l'éducation des hommes, et par la même raison les oiseaux pris au NID sont les seuls susceptibles de conserver les impressions que leur donne un habile instituteur.

FIN.